Ramesh C. Ray
Manas R. Swain

Potencial Agrícola e Biotecnológico de Bacillus subtilis

Ramesh C. Ray
Manas R. Swain

Potencial Agrícola e Biotecnológico de Bacillus subtilis

Actividade benéfica por Bacillus subtilis

ScienciaScripts

Imprint

Any brand names and product names mentioned in this book are subject to trademark, brand or patent protection and are trademarks or registered trademarks of their respective holders. The use of brand names, product names, common names, trade names, product descriptions etc. even without a particular marking in this work is in no way to be construed to mean that such names may be regarded as unrestricted in respect of trademark and brand protection legislation and could thus be used by anyone.

Cover image: www.ingimage.com

This book is a translation from the original published under ISBN 978-3-8443-1189-1.

Publisher:
Sciencia Scripts
is a trademark of
Dodo Books Indian Ocean Ltd., member of the OmniScriptum S.R.L Publishing group
str. A.Russo 15, of. 61, Chisinau-2068, Republic of Moldova Europe
Printed at: see last page
ISBN: 978-620-2-87765-7

Manas R. Swain
Ramesh C. Ray

Potencial Agrícola e Biotecnológico de *Bacillus subtilis*: Isolado de Microflora de excrementos de vaca

Actividade benéfica por *Bacillus subtilis*

Manas R. Swain
Ramesh C. Ray

Actividade benéfica por *Bacillus subtilis*

Manas R. Swain
Ramesh C. Ray

O Potencial Agrícola e Biotecnológico do *Bacillus subtil é:* Isolado de Microflora de excrementos de vaca

Actividade benéfica por *Bacillus subtilis*

AGRADECIMENTOS

Os resultados experimentais apresentados neste livro foram publicados em parte em várias revistas internacionais avaliadas por pares como Microbiological Research (Elsevier), Journal of Basic Microbiology (Willy Science.), Archives in Phytopathology and Plant protection (Taylor and Fancis), Current Microbiology (Springer), Polish Journal of Microbiology, Journal of Scientific and Industrial Research, Índia (CSIR, Nova Deli), Food Biotechnology (Taylor and Fancis) e Brazilian Journal of Microbiology. Os autores reconhecem devidamente a permissão que lhes foi concedida pelas editoras acima referidas para compilarem os seus resultados de investigação sob a forma de um livro. O estudo foi patrocinado por um projecto de investigação ad-hoc sancionado pelo Conselho Indiano de Investigação Agrícola, Nova Deli (No. 8(39)/2003-Hoit.II Datado de 7 de Junho de 2004).

PREFÁCIO

Cinco estirpes bacterianas (CM1- CM5) foram isoladas da microflora de excrementos de vaca com base na sua actividade de biocontrolo contra *Fusarium oxysporum* e *Botryodiplidia theobromae* os mais importantes agentes patogénicos pós-colheita de tubérculos de inhame *(Dioscorea rotundata* L.). Estas estirpes foram subsequentemente identificadas como *Bacillus subtilis* com base no exame microscópico, testes bioquímicos e serológicos. Das cinco estirpes, CM1 e CM3 mostraram zonas de inibição mais elevadas (> 1,0 cm) em comparação com outras estirpes. As estirpes *B. subtilis* (CM1 e CM3) inibiram o crescimento *in vitro* de fungos, *F. oxysporum* (25-35 %) e *B. thoebromae* (100 %). Do mesmo modo, a estirpe CM1 de *B. subtilis inibiu o* crescimento *in vitro dos* agentes patogénicos no caldo de dextrose (PD) de batata a 49,3 e 56,5 %, respectivamente. A interacção entre *B. subtilis* CM1 e *F. oxysporum* foi também estudada por microscopia electrónica de varrimento. O resultado indicou que *B. subtilis F. oxysporum* mycelium completamente lisado. O estudo estava de acordo com que a estirpe bacteriana produziu enzima lítica (quitinase) em meio líquido contendo quitina coloidal como única fonte de carbono. O estudo *in vivo* também demonstrou que as estirpes de *B. subtilis* inibiram o crescimento de fungos até 83% na cavidade da ferida dos tubérculos de inhame. Num outro estudo, verificou-se que *F. oxysporum* e *B. theobomae* produziram ácido oxálico *in vitro* e *in vivo*, o que facilitou a patogenicidade do fungo. Além disso, a co-cultura simultânea de qualquer dos fungos com *B. subtilis* CM 1 resultou numa redução de 92% na acumulação de ácido oxálico em comparação com o fungo individual. Esta característica acrescentou outra arma ao arsenal de B. *subtilis* CM 1 para actividade antagonista contra fungos patogénicos. Para além do biocontrolo, estas estirpes também mostraram outras actividades importantes para a agricultura, tais como a solubilização do fósforo e a produção de ácido acético indole-3 (IAA). As estirpes *B. subtilis* de fosfato tricálcico solubilizado a fosfato disponível em meio de cultura e quando cultivadas em solo autoclavado emendado com 1% de fosfato tii-cálcio; a estirpe CM1 mostrou uma actividade marginalmente mais elevada. *B. A* inoculação de *subtilis* e a emenda do esterco de vaca exibiram maior quantidade de solubilização de P e actividade de fosfatase tanto na rizosfera como na não rizosfera do feijão de vaca *(Vigna unguiculata* L.) plantado no solo do que aqueles que não foram tratados com nenhum deles. Da mesma forma, o comprimento das raízes, a altura das plantas e a biomassa vegetal das plântulas de feijão de vaca foram mais elevados em solo tratado com bactérias ou com esterco de vaca do que em solo não tratado. As estirpes (CM1 - CM5) foram investigadas para a produção de ácido acético indole-3 (IAA) em caldo de nutrientes. Todas as estirpes testadas produziram IAA em caldo de nutrientes; embora numa concentração muito baixa (0,09 - 0,37 mg/1). A aplicação de *B. subtilis* suspension (8 *109 CFU/ml) na superfície dos miniesets de inhame aumentou o número de rebentos, o comprimento da raiz e do rebento, o peso da raiz e do rebento fresco e a proporção de rebentos sobre os miniesets não tratados com suspensão bacteriana. O tratamento com estrume de vaca fresco de miniesets de inhame também produziu resultados semelhantes aos obtidos com a aplicação de *B. subtilis*. Para a produção em massa de IAA por estirpe CM5 em fermentação em estado sólido, bagaço de mandioca, os resíduos gerados durante a extracção do amido da mandioca foram escolhidos como o substrato sólido. A metodologia de superfície de resposta (RSM) foi utilizada para avaliar o efeito de três parâmetros principais do processo, ou seja, período de incubação (6 dias), pH médio inicial (7,0) e capacidade de retenção de humidade (MHC) (70%) na produção de IAA (23,5 mg/g de substrato seco) utilizando a estirpe CM5. Para estudar estes parâmetros, foi aplicado um Desenho Composto Central (CCD) factorial completo. Estas cinco estirpes foram também avaliadas para a produção de enzimas industrialmente importantes, tais como a-amilase (E.C. 3.2.1.1) e pectinase (E.C. 3.2.1.67) em fermentações subigidas e em estado sólido. Neste estudo, as estirpes de *B. subtilis* isoladas do esterco de vaca tinham vários atributos benéficos que incluíam biocontrolo, promoção do crescimento das plantas, solubilização do fósforo e produção de enzimas industrialmente importantes como a amilase e a pectinase.

Contents

LISTA DE ABREVIATURAS

ANOVA _   análise de variância

A1P   -   fosfatase alcalina

AcP	-	fosfatase ácida
CBO	-	procura biológica de oxigénio
BPB	-	azul de bromofenol
BSA	-	albumina de soro bovino
CCD	-	destino central composto
CD	-	estrume de vaca
CFR		resíduos fibrosos de mandioca
CPU		unidade formadora de colónias
CP		tri- fosfato de cálcio
DEAE		dietilamino etano
DMAB		*p*- dimetil amino benzal dehide
EDTA		tetramida de etídeo
GA3		ácido giberélico
gds		grama substrato seco
IAA		indole-3-ácido acético
IMT		instituto de tecnologia microbiana
LSD		diferença menos significativa
MHе		capacidade de retenção de humidade
MUB		tampão universal modificado
NA		ágar nutriente
NB		caldo de nutrientes

NBRIP_   Instituto Nacional de Investigação Botânica
                meio fosfatado

NRPSs_   sinônimos peptídeos nãoribossomais

OA _ ácido oxálico
p   _   fósforo

PÁGINA ·   poli-acrilamida gel-electroforese

PCR   ·   reacção em cadeia da polimerase

PD   ·   dextrose de batata

PDA   ·   ágar dextrose de batata

PG   ·   poligalacturonase

PGPR   ·   crescimento de plantas promovendo rizobactérias

PMS   ·   sal mineral peptona

PNP   ·   p-nitrofenil fosfato tetra-hidratado

PSB   ·   bactérias solubilizantes de fosfato

RAPD   ·   ADN polimórfico amplificado aleatório

RSM   ·   metodologia de superfície de resposta

SDS   ·   sulfato de dodicilo de sódio

SEM   ·   microscópio electrónico de varrimento

SmF   Fermentação submersa
SSF _ sohd state fermentação

TEMED_ N'N'N'N'N' tetra etil metano di-amina

TLC_ cromatografia em camada fina

U_   unidades

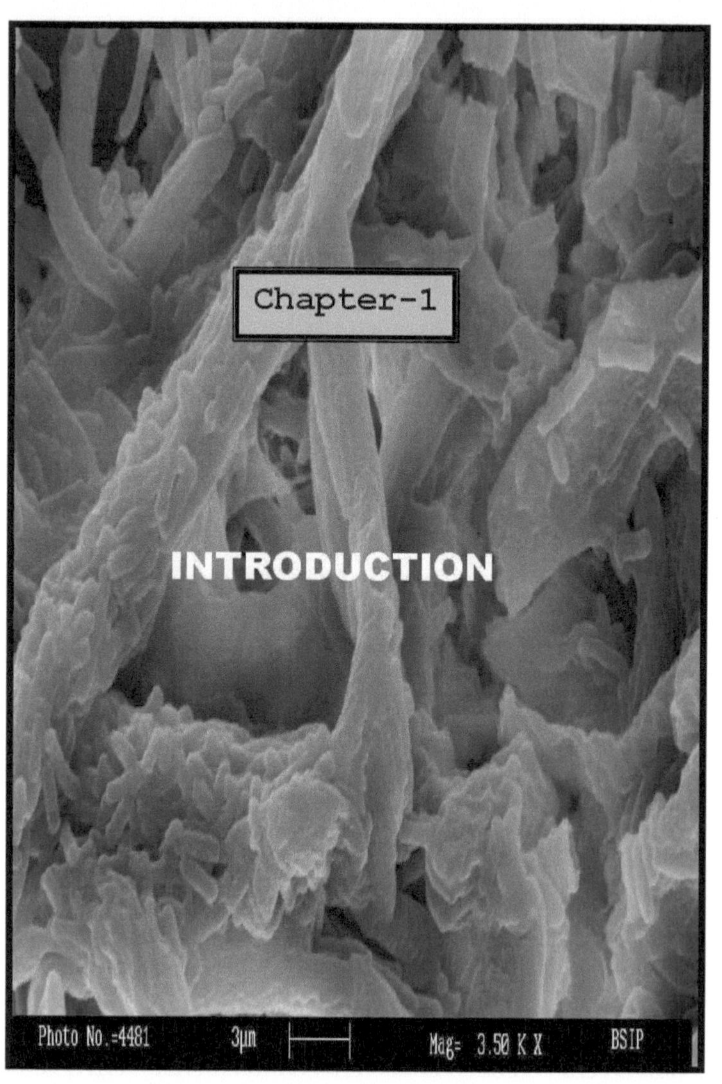

Chapter-1

INTRODUCTION

Photo No.=4481   3µm   Mag= 3.50 K X   BSIP

Capítulo I. INTRODUÇÃO

Estrume de vaca é um termo utilizado para as fezes da espécie bovina. As espécies incluem a vaca, búfalo, boi e boi (Yokoyama *et al.*, 1991). O estrume de vaca é basicamente os resíduos digeridos de matérias herbívoras que são actuados por bactérias simbióticas residentes no rúmen do animal. Em geral, o estrume de vaca é uma mistura de estrume e urina na proporção de 3:1. As matérias fecais resultantes são ricas em fibra bruta, proteína bruta, celulose, hemicelulose e 24 tipos de minerais, incluindo Co, Mg, P, Mn, Cl, etc. (Nene, 1999). A composição química do estrume fresco de vaca é dada no **Quadro 1.1.** A cor do estrume de vaca varia entre o esverdeado e o preto. A seu tempo, a matéria resultante torna-se amarela devido a alterações químicas causadas pela luz solar (Whitehead e Raistrick, 1993). Nas casas de barro, o esterco de vaca é utilizado para alinhar o chão e as paredes das casas devido às suas propriedades repelentes de insectos. Em locais frios, o esterco de vaca é usado para forrar a parede das casas rústicas, pois é barato e tem uma propriedade de isolamento térmico, (http:// www. Indianetzone .com/20/ panchagavya. com-dung.htm). O estrume fresco de vaca é utilizado no ecossistema dos tanques para melhorar a qualidade da água; fornecer nutrientes aos peixes, camarões e carpas, assegurando assim um melhor crescimento (Jha *et al.*, 2004). Para além destes benefícios, o excremento de vaca suporta várias actividades farmacológicas, anti-fúngicas e antibacterianas. O filtrado da suspensão de estrume de vaca com água forma um dos principais ingredientes das pomadas de pele, que é utilizado em condições de pele graves como psoríase, eczema e gangrena (http://www.thereligiousproducts.com/panchagavya.html). Cinco produtos de vaca tais como estrume, ghee, leite, urina, coalhada de leite de vaca, combinados como *"panchgavya"*, são utilizados em várias aplicações farmacológicas (orais) para seres humanos no tratamento da asma, artrite e gastro-intestinais desordens na Índia (Dhama *et al.*, 2005). *Panchgavya* é também utilizado como promotor de crescimento de plantas orgânicas para várias culturas hortícolas (Mohan, 2008).

Quadro 1.1. Composição do estrume de vaca (Bhattacharyya *et al.*, 2005)

Parâmetros e constituintes	Quantidade
pH	6.2 ±0.03
C orgânico (g/ kg)	121 ±5.60
N total (g/kg)	11.6±0.11
Total P (g/kg)	4.9 ±2.40
N mineralizável (mg/g)	23.4 ±3.06
C solúvel em água (pg/g)	692 ±9.4
Carboidratos (pg/g)	13.01 ±6.7
Zn (mg/kg)	163 ±4.4
Cu (mg/kg)	8 ±0.88
Pb (mg/kg)	28.1 ±1.48
Cd (mg/kg)	B.D.L.
Mn (mg/kg)	231

B.D.L.: Abaixo do Limite de Detecção

No subcontinente asiático, o estrume de vaca é utilizado como fertilizante orgânico para melhorar a fertilidade do solo e os ciclos de nutrientes do solo. A quantidade substancial de nutrientes contidos no estrume do gado pode potencialmente ser reciclada de volta ao solo de uma forma disponível (Whitehead, 1986). O estrume de vaca melhora a biomassa microbiana do solo na gestão agrícola intensiva (Lovell *et al.*, 1996). O estrume de vaca é um bom recurso para a produção de estrume de melhor qualidade no estaleiro agrícola. O estrume é constituído por uma mistura de estrume de vaca e extractos líquidos de urina. Em média, o estrume de vaca bem podre à base de estrume de quintal contém 0,5%N, 0,2% P2O5 e 0,5% K2O. Para além destes atributos, o estrume de vaca é utilizado para preparar sementes, rebocar extremidades cortadas de cana-de-açúcar propagada vegetativamente, preparar partes de plantas cortadas, aspergir suspensão diluída de estrume de vaca sobre a superfície da planta, etc. (http://www.infinity foundation, com/mondela/ t_es/t_es_goyal_crop.htm). Geralmente as sementes de estrume de vaca tratadas evitam o ataque de fungos patogénicos e bactérias porque as bactérias no estrume de vaca desempenham um papel significativo ao colonizar a área de superfície das sementes tratadas. Num estudo com podridão das plântulas de pepino, verificou-se que a aplicação de estrume de vaca fresco na folhagem inibia a podridão de Fusarium (Basak e Lee, 2000 a, b).

As doenças das plantas precisam de ser controladas para manter a qualidade e abundância de alimentos, rações e fibras produzidas por cultivadores de todo o mundo. São utilizadas diferentes abordagens para prevenir, mitigar ou controlar as doenças das plantas. A aplicação de fungicidas é uma forma frutífera de controlar as doenças das plantas e praticada nos últimos 100 anos (Compant *et al.*, 2005). Contudo, os fungicidas químicos desempenham um papel importante na poluição ambiental e causam graves problemas de saúde, devido aos quais se desenvolve um medo considerável na mente das pessoas em relação a eles (Pal e Gardener, 2006). Consequentemente, têm sido feitos esforços nos últimos anos no desenvolvimento de insumos alternativos aos químicos sintéticos para controlar pragas e doenças. Entre estas alternativas, o controlo biológico das doenças das plantas é um método eficaz (Nautiyal *et al.*, 2002). O termo "controlo biológico" e o seu sinónimo abreviado "biocontrolo" refere-se à utilização intencional de organismos vivos introduzidos ou residentes, para além de plantas hospedeiras resistentes a doenças, para suprimir as actividades e população de um ou mais agentes patogénicos das plantas.

O inhame *(Dioscorea* spp.; Família: Dioscoreaceae) é um alimento básico em muitos países tropicais e sub - tropicais do mundo (Coussey, 1967). A produção mundial de inhame é de 27 milhões de toneladas. Os inhames são plantas herbáceas com caules galopantes, que são normalmente empilhados de modo a assegurar uma boa formação de copa das folhas. Em condições de humidade quente, cada planta produz um ou vários tubérculos num período de 7 a 9 meses (Miege e Lyonga, 1982). Os tubérculos de inhame são compostos principalmente de amido. As espécies de inhame são consideradas uma boa fonte de vitamina C (adição ascórbica) (92 mg/kg de inhame), Vitamina B complexa mas com baixo teor proteico (Okigbo, 2002). Contudo, como qualquer outro vegetal, o inhame também é susceptível de perdas pós-colheita devido a lesões mecânicas durante a colheita, transporte do campo de formadores para o mercado, pragas e doenças de armazenamento (Okigbo e Ikediugwu, 1999) As perdas pós-colheita de inhame devido apenas à podridão microbiana representam 35-60% nos tubérculos de inhame durante o armazenamento (Ray *et al.*, 2000). Os principais e mais frequentes agentes patogénicos pós-colheita do inhame em países tropicais como a Índia são *Fusarium oxysporum* (Fusarium rot) e *Botryodiplodia theobromae* (Botryodiplodia rot) (Ogundana *et al.*, 1970; Ray *et al.*, 2000). Para além da Índia, a podridão Botryodiplodia do inhame foi relatada do Gana (Dade e Wright, 1930), Nigéria (Adeniji, 1970). Neste tecido de inhame podre tende a ser castanho escuro ou preto e o tecido saudável é normalmente uma fina castanha distinta. Corpos negros minúsculos acabam por se desenvolver na superfície do tubérculo (Ogundana, 1983). A natureza da podridão pode, no entanto, ser alterada pela presença de organismos secundários que, juntamente com as condições ambientais, determinam que a podridão seja macia e encharcada de água ou se forme e seque (Dade and Weight, 1930). A 30°C, contudo a podridão é rápida (Ray *et al.*, 2000) e o tubérculo inteiro pode ser invadido por agentes patogénicos (Ogundana, 1983). Após vários meses de armazenamento, os tubérculos infectados tornam-se murchos e mumificados (Ogundana, 1983). Em

Fusarium apodrecimento do inhame, tecido afectado é caracteristicamente seco, de cor pálida e delimitado por uma margem castanha (Matue *et al.*, 1973). Esta podridão é normalmente encontrada na Índia (Sharma e Chatterjee, 1982) e Nigéria (Ogundana e Dennis, 1981). Em qualquer caso, os esporos fúngicos são susceptíveis de estar presentes na superfície dos tubérculos aquando da colheita e são capazes de causar infecção do tecido que tenha sido ferido mecânica ou fisiologicamente (Ray *et al.*, 2000).

De um estudo recente na área de cultivo do inhame em Orissa, Índia, observou-se que os formadores aplicam estrume de vaca em miniesets de inhame antes de plantar, na crença de que isso iria promover a germinação, o crescimento das plântulas e evitar o seu apodrecimento (Naskar *et al.*, 2003). Várias estirpes bacterianas, na sua maioria pertencentes a *Bacillus* spp., foram isoladas do estrume de vaca. No entanto, não era claro se a microflora de estrume de vaca tinha um papel directo no aumento da germinação e crescimento das plântulas.

Há provas circunstanciais que demonstram que os microrganismos isolados do estrume de vaca têm potencial industrial. Stevenson e Weimer (2002) relataram que um fungo, *Trichoderma* A10 isolado do estrume de vaca tinha a capacidade de converter biomassa celulósica em etanol. Prevê que os microrganismos no estrume de vaca possam ter a capacidade de produzir enzimas e outras biomoléculas.

A partir destes pontos de vista, foi previsto estudar em profundidade os mecanismos fisiológicos e bioquímicos da microflora de estrume de vaca, particularmente, *Bacillus subtilis*. Assim, foram realizadas as seguintes experiências para demonstrar as actividades benéficas do estrume de vaca e *B. subtilis* em particular, isolado da microflora de estrume de vaca, em relevância para as aplicações agrícolas e industriais, especialmente para as indústrias de processamento alimentar:

1. Actividade de biocontrolo de *B. subtilis* contra agentes patogénicos do inhame após a colheita *(B. theobromae* eF. *oxysporum).*

2. Regulador de crescimento de plantas (Indole -3- ácido acético) produção *in vitro* e *in vivo*.

3. Solubilização do fósforo *in vitro* e *in vivo*.

4. Produção de enzimas de processamento alimentar, tais como,

   ❖ a- amilase termoestável em

      ❖ Fermentação submersa

      ❖ Fermentação em estado sólido

   > pectinase termoestável em

      ❖ Fermentação submersa

      ❖ Fermentação em estado sólido

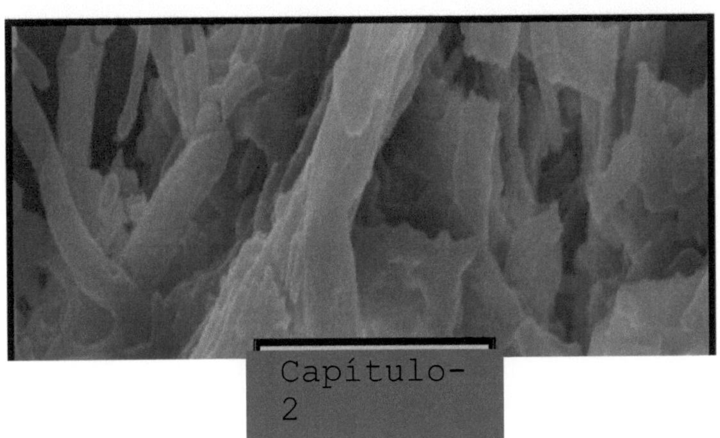

Capítulo-2

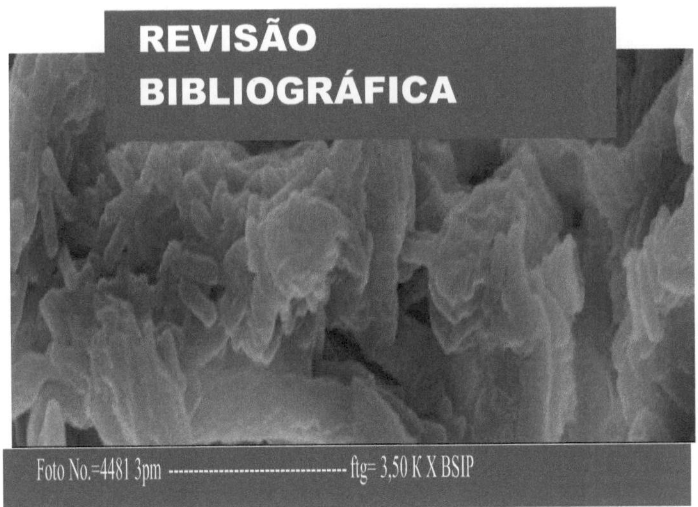

Foto No.=4481 3pm ---------------------------------- ftg= 3,50 K X BSIP

Capítulo 2 REVISÃO LITERATIVA

2.1. COW-DUNG

O esterco de vaca é uma mistura de estrume e urina da ração de 3:1. Geralmente, o estrume de vaca é utilizado como fertilizante oiganic para melhorar a fertilidade do solo e os ciclos de nutrientes do solo. A quantidade substancial de nutrientes contidos no estrume do gado pode ser potencialmente reciclada no solo nas formas disponíveis (Whitehead, 1986). Várias espécies bacterianas, pertencentes principalmente a *Bacillus* spp., foram isoladas do esterco de vaca.

2.2. *BACILLUS SUBTILIS*

2.2.1. Classificação

Reino - Bactérias

Filo-Firmiculata

Classe-Bacilli

Order-Bacillalus

Família-Bacillaceae

Génus- *Bacillus*

Espécies- *subtilis*

2.2.2. Habitat e natureza

8. subtilis é uma bactéria ubíqua normalmente recuperada da água, solo, ar e resíduos vegetais em decomposição. Para além destas, *B. subtilis* foi também reportada a partir do leite de vaca (Nautiyal *et al.,* 2006). A bactéria produz endosporos que lhes permitem tolerar condições extremas. Geralmente, *B. subtilis* foi classificada como um aerobe obrigatório. Mas na presença de glucose e nitrato, também pode ocorrer um crescimento aeróbico (Claus and Berkeley, 1986).

2.2.3. Taxonomia e caracterização

8. subtilis é o tipo de espécie do género. Historicamente, antes das monografias de Smith em 1946 e 1952, *B. subtilis* era um termo dado a todos os endósporos aeróbicos que formavam *Bacilli* (Logan, 1988). Numerosas espécies que apareceram na literatura primitiva já não são reconhecidas como espécies oficiais. As antigas designações de espécies que são agora consideradas como membros das espécies de *B. subtilis* incluem *B. aterrimus, B. mesentericus, B. niger, B. panis, B. vulgarus, B. nigrificans,* e *B. natto* (Gordon, 1973). A última edição no Manual de Bacteriologia Sistemática de Bergey (Claus and Berkeley, 1986) incluiu *B. amyloliquefaciens* como membro da espécie *B. subtilis.* No entanto, alcançou novamente o estatuto de espécie separada (Priest *et al.,* 1981).

As espécies *Bacillus subtilis, licheniformis* epumilus estão intimamente relacionadas e as três espécies foram historicamente agrupadas como o grupo *subtilis* ou espectro *subtilis* (Gordon, 1973). Este agrupamento continha quatro subgrupos que foram identificados como *B. subtilis, B. licheniformis, B. pumilus* e *B. amyloliquefaciens.* Os dados da literatura sugerem que é possível diferenciar *B. subtilis* de *B. licheniformis* e *B. pumilus através do* uso de cromatografia de pirolise-gás (O'Donnell *et cd.,* 1980). Além disso, *B. subtilis* e *B. amyloliquefaciens* mostram pouca homologia de sequência de ADN entre si (Seki *et cd.,* 1975; Priest *et al.,* 1981).

Em conclusão, parece que *B. subtilis* pode ser distinguida de outras espécies intimamente relacionadas. Contudo, devido a alterações na classificação do género e ao recente desenvolvimento de novos métodos para fins taxonómicos, a estirpe mais antiga pode não ser na realidade *B. subtilis* sob a actual identificação.

2.2.4. Análise genómica de B. *subtilis*

8. subtilis continua a ser o microrganismo produtor de enzimas dominante na microbiologia aplicada e industrial. Este organismo é uma importante fonte de enzimas extracelulares industriais, incluindo a protease e a amilase. Consequentemente, entre as bactérias gram-positivas, *B. subtilis* foi seleccionado como organismo prioritário para a caracterização genómica. A sequência genómica completa de *B. subtilis* 168 é agora publicada comparando 4100 genes codificadores de proteínas (Kunst *et al.,* 1997). *B. subtilis* seleccionou a proteína intracelular através da identificação de vários genes que codificam proteínas da principal via de secreção: Foram encontrados cinco tipos de genes peptidase de sinal I e um gene peptidase de sinal tipo II, necessário para o progresso dos precursores modificados do estúpido (Tajalsma, 1997). Marca *et cd.* (2001) encontraram seis genes não identificados em *B. subtilis,* que são responsáveis por comunidades multiculturais. Estes genes são *yhxB* (codificando um mutado putativo de fosfohexose que pode mediar a síntese de exoplissacarídeos), *sipW*(codificando uma única peptidase), *ecsB* (codificando uma subunidade transportadora de ABC), *Yqe* (codificando uma suposta fosfatase), *YebF* (codificando uma proteína reguladora) e *YmCA* (um gene de função desconhecida). Recebemos mais análises segundo as quais estes seis genes desempenham papéis diferentes no desenvolvimento da comunidade *B. subtilis.*

2.2.5. Avaliação dos perigos para *B. subtilis*

B. subtilis não parece ter qualquer mecanismo de fixação especializado tipicamente encontrado em organismos capazes de colonizar humanos (Edberg, 1991). No entanto, *B. subtilis* cresce numa vasta gama de temperaturas, incluindo a temperatura do corpo humano (Claus e Berkeley, 1986). *B. subtilis* não é considerado como um agente patogénico das plantas (Claus e Berkeley, 1986). O Manual de Bacteriologia Sistemática de Bergey observa que a pectina e os polissacáridos dos tecidos vegetais podem ser decompostos por *B. subtilis.* *B. subtilis* produz uma grande variedade de antibióticos e fungicidas devido aos quais *B. subtilis* é utilizado como agente biocontrolador contra agentes patogénicos de plantas fúngicas (Kimura e Hirano, 1988; McKeen *et al.*, 1986).

2.3. UTILIZAÇÕES GERAIS DE *B. SUBTILIS* NA AGRICULTURA

Durante muito tempo as bactérias gram-negativas, especialmente as estirpes de *Pseudomonas,* foram intensamente investigadas como agentes de controlo biológico (Kraus e Loper, 1995). No entanto, recentemente a atenção passou para os membros gram-positivos do género *Bacillus* que formam esporos aeróbicos. Entre eles, *B. subtilis* um organismo modelo grama - positivo (Moszer, 1998) e um habitante do solo predominante é agora amplamente reconhecido como uma ferramenta poderosa no controlo biológico devido à sua capacidade de formar endosporos e produzir diferentes antibióticos com uma actividade de largo espectro.

Por outro lado, *B. subtilis* é capaz de manter um contacto estável com plantas mais altas e promover o seu crescimento (Backmann *et al.*, 1994). É conhecido por influenciar positivamente a vitalidade das plantas e desenvolver a sua capacidade de lidar com stress biótico, como a seca e a salinidade (Bochow *et al.*, 2001). *B. subtilis* promove o crescimento de plantas directamente através da produção de hormonas de crescimento de plantas auxinas de anzol, ácido giberélico, etc., através do estímulo de actividades metabólicas radiculares e da solubilização do fósforo rochoso indisponível na forma disponível (Nagorska *et al.*, 2007).

2.3.1. Biocontrolo de agentes patogénicos vegetais por *B. subtilis*

8. A actividade de biocontrolo *subtilis* pode ser resumida como se segue:

    A. Produção de compostos antibióticos

    B. Produção de surfactantes

    C. Produção de enzimas líticas

    D. Concurso de nutrientes

    E. Concurso para o espaço

    F. Induzir a resistência do sistema vegetal

A. Produção de compostos antibióticos

8. *subtilis* tem propriedades amplamente supressivas para mais de 23 tipos de patogéneos vegetais *in vitro* devido à sua capacidade de produzir uma gama de antibióticos dentro de um tipo incrível de estruturas e actividades (Stein, 2005). Estes compostos incluem predominantemente peptídeos que são de origem ribossomal ou sintetizados não ribossomal (Souto *et al.*, 2004). Todos os genes envolvidos na síntese de antibióticos em *B. subtilis* combinados com cerca de 350 Kb de comprimento. Contudo, como nenhuma estirpe tem todos eles, uma média de cerca de 4 - 5% do genoma de *B. subtilis* é dedicada à produção de antibióticos (Stein, 2005).

Uma das principais funções dos antibióticos *B. subtilis* que suprimem os patogéneos vegetais são derivados peptídeos não ribossomicamente sintetizados, principalmente lipopeptídeos. São encontrados por grandes sintaxes de peptídeos não ribossómicos multi-enzimáticos (NRPSs), que regem todos os passos necessários na sua biossíntese (Finking e Marahiel, 2004). As NRPSs são facilmente acessíveis a manipulações genéticas, fornecendo uma técnica poderosa para a geração de novos antibióticos com novas propriedades (Sieber e Marahiel, 2003). Esta pode ser a forma promissora para o desenvolvimento de novas estratégias no campo do biocontrolo das plantas. Além disso, uma vasta gama de substâncias antimicrobianas é também produzida por grupos muito próximos de *B. subtilis*, que incluem *B. pumilus* (Munimbazi e Bullemian, 1998), *B. amyloliquefaciens* (Souto *et al.*, 2004), *B. cereus, Paenibacilluspolymyxa,* etc. (Timmusk *et al.*, 2005).

B. Produção de surfactantes

Estes grupos de bio-surfactantes (agentes activos de superfície de organismos microbianos) são moléculas que provocam a partição preferencialmente na interface entre duas fases, tais como a interface vapor e líquido. A eficácia do tensioactivo é determinada pelo estudo da sua capacidade de reduzir a tensão superficial (Peypoux *et al.*, 1999; Ron e Rosenberg, 2001). Outros *Bacillus* spp. que produzem surfactantes são *B. lichenifarmis* e *B. pumilus*. Estes produzem variantes peptídeas de surfactina, denominadas liquenisina e pumilacidina, respectivamente (Naruse *et al.*, 1990; Yakimov *et cd.*, 1996). Recentemente descobriu-se que o comportamento colonizador e a formação do biofilme das estirpes de *B. subtilis* dependem da produção de diferentes famílias de lipopeptídeos (Leclere *et al.*, 2006).

Durante o crescimento bacteriano, as surfactinas são sintetizadas pela primeira vez (Cosby *et al.*, 1998). Os metabolitos secundários como a iturina são geralmente produzidos após a fase de crescimento logarítmico quando as células esgotaram um ou mais nutrientes essenciais (Mizumoto *et al.*, 2006). No momento de transição entre o crescimento exponencial e estacionário, observou-se a produção máxima de micosubtilina (Toure *et al.*, 2004). No entanto, a produção simultânea de alguns destes compostos por estirpes específicas é frequentemente observada.

C. Produção de enzimas líticas

Diversos microrganismos secretam enzimas líticas que podem hidrolisar uma grande variedade de compostos poliméricos, incluindo quitina, proteínas, celulose, hemicelulose e ADN. A expressão e secreção destas enzimas por diferentes micróbios pode, por vezes, resultar na supressão directa da actividade patogénica das plantas (Pal e Gardener, 2006).

B. subtilis produz várias enzimas extracelulares incluindo proteases, quitinases e βl, 3 glucanase, etc. Individualmente, todas estas enzimas apresentam actividade antifúngica, mas actuam em sinergia com os antibióticos (Lam e Gaffhey, 1993). A produção destas enzimas (quitinase, celulase e |3-1, 3 glucanase) depende da fonte nutritiva, ou seja, da parede celular fúngica que tem de ser atacada (Helbig, 2006).

D. Concurso de nutrientes

De uma perspectiva microbiana, o solo e as superfícies vegetais vivas são frequentemente ambientes limitados em nutrientes. Para colonizar com sucesso a fitosfera, um micróbio tem de competir eficazmente pelos nutrientes disponíveis. Nas superfícies vegetais, os nutrientes fornecidos pelo hospedeiro incluem exsudados, lixiviados, ou tecido senescido. Adicionalmente, os nutrientes podem ser obtidos a partir de produtos residuais de outros organismos tais como insectos e solo (Pal e Gardener, 2006).

Para além dos mecanismos antibióticos acima descritos e geralmente relatados, existem outras formas pelas quais as bactérias podem inibir os agentes patogénicos. Um desses exemplos é a competição por nutrientes na rizosfera e na superfície das raízes. A população de bactérias estabelecidas numa raiz vegetal poderia actuar como sumidouro de nutrientes na rizosfera; assim, reduzindo a disponibilidade de elementos nutritivos para o agente patogénico. Os agentes patogénicos necessitam de nutrientes externos para germinação conidial e alongamento do tubo germinal para estruturas infecciosas. Devido à dependência de nutrientes externos, encontram-se numa posição muito fraca quando competem com bactérias (Helbig, 2006).

De acordo com diferentes descobertas, *B. subtilis* coloniza e utiliza nutrientes mais rapidamente do que os fitopatógenos no solo rizosférico (Nautiyal *et al.*, 2002).

E. Concurso para o espaço

Os organismos vivos na natureza também competem pelo espaço. Cada organismo tem requisitos específicos no habitat e por isso prefere nichos específicos para viver ou sobreviver. A colonização é um dos melhores exemplos de microrganismos antagónicos em competição pelo espaço. O *B. subtilis* FZB24 tem a capacidade de se fixar à raiz da plântula de tomate (Kilian *et al.*, 2000). A actividade de colonização por *B. subtilis* foi confirmada por microscopia electrónica de varrimento (Kilian *et al.*, 2000).

F. Induzir a resistência do sistema vegetal

Todas as plantas têm desenvolvido mecanismos de defesa contra agentes patogénicos. A eficácia destas reacções de resistência é modificada em função do desenvolvimento antagónico das plantas e da influência dos factores ambientais bióticos. Assim, o contacto com microrganismos não patogénicos ou infecções limitadas leva a uma diminuição da susceptibilidade das plantas. Este aumento da resistência devido à actividade exógena, sem alternância do genoma da planta, é conhecido como resistência induzida. *B. subtilis* FZB24 estimula a resistência nas plantas (Kilian *et al.*, 2000).

2.3.2. Promoção do crescimento das plantas por *B. subtilis*

Em ambientes naturais, as bactérias estabelecem um biofilme simbiótico ou patogénico na superfície do corpo vegetal ou animal. A colonização eficaz da raiz da planta por rhizobacteria promotora do crescimento das plantas (PGPR) desempenha um papel importante na promoção do crescimento das plantas. As raízes das plantas secretam uma vasta gama de compostos em rizosóforos, que são factores determinantes que promovem a colonização bacteriana nas raízes das plantas. Houve uma série de investigações que relataram o papel de *B. subtilis* no crescimento das plantas. De acordo com Pandey e Palni (1997), as estirpes de *B. subtilis* encontram-se predominantemente em solo rizosférico de arbusto de chá. A aplicação de *B. subtilis*

consórcio para o campo de cana de açúcar, resultou num aumento significativo da altura das plantas, aumento do número de perfilhos, do perímetro da cana quando comparado com o controlo (Nautiyal *et cd.*, 2006). *B. subtilis* 430 A também foi isolada da rizosfera de *Vernonia herbacea* (Veil Rusby) onde produz uma inclinase exocelular (Vullo *et al.*, 1991). Um sistema radicular grande e mais saudável foi obtido em várias experiências de estufa e de campo com a inoculação de *B. subtilis* FZB24. Também melhora a absorção de água e nutrientes. A aplicação de *B. subtilis* FZB24 desenvolve raiz de plantas de batata (Kilian *et al.*, 2000). Estas descobertas fornecem a evidência do envolvimento directo de *B. subtilis* no crescimento das plantas.

8. subtilis produz fitohormones em cultura líquida (Kilian *et al.,* 2000). O filtrado de cultura de *B. subtilis* FZB24 aumenta o crescimento de cotilédones de rabanete e aumenta o alongamento de células de coleópteros de trigo como as auxinas. Estes efeitos parecem ser iniciados por misturas de várias proteínas, enquanto que uma maior separação e purificação dos filtrados de cultura levou à perda dos efeitos (Alemayehul, 1998). Tang (1994) relatou vários phytohormones, tais como zeatina, giberélico e ácido abscísico de filtrado de cultura bacteriana. Culturas filtradas de *B. subtilis* que se verificou conterem fitohormones como a citocinina, zeatina e ribósido de zeatina (Steiner, 1990). *B. subtilis* também produz ácido indole - 3 -acético (IAA) *in vitro* e *in vivo* (Ghosh *et al.,* 2003).

2.3.3. Solubilização de fósforo por *B. subtilis*

Para além da produção de fitohormona, *B. subtilis* solubiliza fósforo no solo, o que facilita indirectamente o crescimento das plantas (Kerovuro *et al.,* 1998). O fósforo no solo, para além do ácido fítico (myo- inositolhexakisphosphate) representa 20- 50% do fósforo orgânico total do solo. A planta não pode adquirir fósforo directamente do fitato do solo. Em contraste, o efeito desejado foi obtido quando a proteína purificada com actividade fitase a partir de um fungo como *Aspergillus* sp. foi adicionado ao sistema radicular (Richardson *et al.,* 2001). Sabe-se também que os fitatos são produzidos e segregados por uma vasta gama de bactérias gram negativas e gram positivas, incluindo *B. subtilis* (Kerovuo *et al.,* 1998), *B. amyloliquefaciens* DSH (Kim *et al.,* 1998) e *Pseudomonas* spp. (Richardson e Hadobas, 1997). Neste contexto, especula-se que as bactérias que tornam a fitase disponível para a planta em estado de fome de fosfato podem contribuir para o crescimento da planta; por isso, há poucos relatórios que confirmem esta ideia. Idriss *et al.,* (2002) mostraram que a fitase é secretada por algumas estirpes de *Bacillus* que promoveram o crescimento de plântulas de milho em condições de limitação do fósforo do solo. Até à data, apenas algumas cepas de fitase excretadas por cepas de *B. subtilis* foram isoladas e caracterizadas (Wyss *et al.,* 1999). Vários trabalhadores examinaram a capacidade de solubilização de diferentes espécies bacterianas de compostos insolúveis de fosfato inoigânico, tais como tricálcico, fosfato dicálcico, hidroxipato e fosfato rochoso (Ponmurugan e Gopal, 2006; Barroso *et al.* 2006; Jones e Darrah, 1994). Os géneros bacterianos com esta capacidade são: *Pseudomonas, Bacillus, Brukoholderia, Micrococcus,* etc. (Ponmurugan e Gopal, 2006).

2.4. IMPORTÂNCIA INDUSTRIAL DE *B. SUBTILIS*

8. subtilis tem várias importações industriais, desde os alimentos aos produtos farmacêuticos. Poucas aplicações industriais importantes de *B. subtilis* são a produção de:

1. Enzimas industriais
2. Proteínas heterólogas
3. Insecticidas
4. Antibióticos
5. Nucleotídeos puros
6. Vitaminas, etc.

Entre as aplicações acima mencionadas, a produção de enzimas industriais por *B. subtilis* tem muita importância na microbiologia aplicada. As enzimas microbianas são rotineiramente utilizadas em muitos sectores industriais e amigos do ambiente (Hoondal *et al.*, 2002). No mercado mundial, o comércio de enzimas industriais é estimado em US $1,6 mil milhões, que se divide entre enzimas alimentares (29%), enzimas alimentares (15%) e enzimas técnicas gerais (50%) (Outtrup e Jorgensen, 2002).

2.4.1. Produção enzimática por *B. subtilis*

B. subtilis produz várias enzimas extracelulares industrialmente importantes, que incluem amilase, pectinases, celulases, xilanase, quitinase e hpases (Panday *et al.*, 2000a). Algumas destas enzimas são brevemente resumidas abaixo.

A. Amilase: As amilases compreendem um grupo de enzimas, que inclui a ct-amilase, gluco -amilase e |3-amilase. *B. subtilis* é amplamente utilizada como produtor de a-amilase. Diferentes estirpes de *B. subtilis* produzem amilases termofílicas e mesofílicas (Canganella *et al.*, 1994; Das *et al.*, 2004). Fogarty e Kelly (1995) relataram que *B. subtilis* produz |3-

amilase. Esta enzima está comercialmente disponível.

B. Celulase: A celulase é a fonte mais abundante de alimento e combustível (Ando *et al.*, 2002). A enzima, necessária para a hidrólise da celulose, inclui endo-glucanase, exo-glucanase e |3-glucosidase (Matsui *et al.*, 2000). *B. subtilis* produz celulase termotolerante, que tem várias aplicações industriais (Mawadza *et al.*, 2000).

C. Chitinase: A quitina é o segundo biopolímero natural mais abundante depois da celulose, consistindo num homopolímero linear |3-1, 4- homopolímero de и-resíduo de acetilglucosarnina. *Bacillus licheniformis* X-7u (Takayanagi *et al.*, 1991), *Bacillus* sp. BG 11 (Bharat e Hoondal, 1998) foram relatados como sendo as principais fontes de quitinase. Wang *et al.*, (2006) relataram que *B. subtilis* produz quitinase com baixa massa molecular de 20,6 Kb.

D. Xilanase: A xilanase, que é o componente dominante das hemiceluloses, é uma das substâncias oigânicas mais abundantes na terra. As xilanases foram isoladas a partir de várias fontes bacterianas. Membros de *Bacillus* spp., isto é, *B. subtilis, B. cercus,* foram reportados como produtores de xilanase, que estão activos a temperaturas entre 50° e 70°C (Dhillon e Khanna, 2000; Paula *et al.*, 2002). A pasta e o papel são uma das indústrias de crescimento mais rápido e a utilização destas xilanases termoestáveis nestas indústrias parece atraente, uma vez que proporcionam benefícios ambientais globais (Park *et cd.*, 2002).

E. Proteases: As proteases são geralmente classificadas em duas categorias: exopeptidases e endo-peptidases. Até agora, poucas estirpes de *B. subtilis* foram reportadas para produzir proteases (Haki e Rakshit, 2003). *Bacillus stearothermophilus* produz protease alcalina e termoestável que é optimamente activa a 80°C (Razak *et cd.*, 1997).

F. Lipases: As lipases de origem microbiana são as enzimas mais versáteis que provocam uma série de reacções de bioconversão (Vulfson, 1994). Vários *Bacillus* spp. incluindo *B. subtilis* foram relatados como sendo as principais fontes de enzimas lifolíticas (Schmidit *et al.*, 1994; Luisa *etcd.*, 1997).

Entre as enzimas acima descritas, a amilase e a pectinase são as mais importantes nas indústrias de processamento alimentar.

2.4.1.1. Amilases

As amilases são enzimas que hidrolisam o amido, um homopolissacarídeo composto por unidades de monossacarídeo de glucose a-D. A amilase pode ser classificada em a:

1. Amilases exo-activas
2. Amilases endo-activas
3. Desbranqueamento da amilase

2.4.1.1.1. Amilases exo-activas

As amilases exo-actantes incluem amilogucosidase, |3-amilase, e outras enzimas exo-actantes.

(1) Amiloglucosidase (EC 3.2.1.3.): É uma enzima de exo-acção que produz |3- D-glucose por hidrolização de 2-1,4 ligações a partir das pontas da cadeia não redutora de amilose, amilopectina e glicogénio.

(2) P- Amilase (EC 3.2.1.2.): Estas enzimas hidrolisam ligações P-1,6 em amilopectina e glicogénio. São produzidas a partir da amilase.

(111)Outras enzimas exo-actantes: Estas enzimas hidrolisam ligações a-1,4 e não podem contornar ligações a-1,6 e produzem produtos finais que não maltose a partir de substratos de amido.

2.4.1.1.2. Amilases endo-activas

Geralmente a amilase endo-activa inclui a-amilase (EC 3.2.1.1.). Esta enzima hidrolisa a- 1, 4 ligações glicosídicas e bypass a-1, 6 ligações em amilopectina e glicogénio. Devido à endo-fashion do ataque, diminui rapidamente o poder de coloração do iodo e uma redução rápida simultânea da viscosidade da solução de amido.

2.4.1.1.3. Enzimas de desbranqueamento

Estas são as enzimas específicas para (1 - 6) - ligação a-D. Hidrolisam (1 - 6) - uma ligação -D-glucosídica em amilopectina, glicogénio e cadeia externa de dextrinas a- e P limitadoras. Estas enzimas incluem as pullanases e a iso-amilase.

Entre os grupos de amilase acima descritos, a-amilase é mais frequentemente encontrada em microrganismos. As espécies de *Bacillus são* encontradas como as fontes mais importantes para a produção de amilase. Entre os grupos de *Bacillus*, *B. subtilis* é o candidato mais importante e merecedor da produção de amilase à escala industrial (Kim *et al.*, 1996; Das *et al.*, 2004).

8. *subtilis* amylases têm várias aplicações em vários processos industriais tais como a indústria alimentar, têxtil e do papel (Pandey *et al.*, 2000 b). A alfa-amilase de *Bacillus* spp. clivagem interna a-1, 4- ligações em endo-fashion. A extraordinária capacidade da a- amilase de *B. licheniformis de* operar a 95°C e suportar temperaturas de 105o-110oC, por um curto período, faz desta uma enzima industrial única para liquefazer amidos especialmente com amido que só gelatiniza a 100°C (Ward, 1991). |3-Amilase de espécies *Bacillus* operam para remover unidades de maltose numa forma exo-fashion starch mas não podem contornar a ligação ct-1,6- glicosídica, |3-amilase de *B. subtilis, B. cereus* e *B. megaierium* estão disponíveis comercialmente (Fogarty e Kelly, 1980; Nigam e Singh, 1995; Denner, 1996).

De acordo com várias descobertas, as amilases termoestáveis têm várias importações na indústria do amido (Poonam e Dalel, 1995; Crab e Mitchinson, 1997; Emmanuel *et al.*, 2000). As enzimas de processamento do amido representam 30% da produção mundial de enzimas (Van der Maarel *et al.*, 2002). A a-amilase termoestável foi isolada há muito tempo de *B. subtilis, B. amyloliquefaciens* e *B. licheniformis.* A amilase comercialmente disponível |3- com uma actividade catalítica até 60°C foi isolada de várias espécies de *Bacillus* (Brown, 1987).

2.4.1.2. Pectinase

Para além das amilases, a pectinase é uma enzima industrial importante que tem uma ampla aplicação em sumos, alimentos, rações, degomagem de processamento de fibras vegetais em produtos têxteis, indústria de pasta de papel, etc. A pectinase compreende um grupo de enzimas que decompõem os substratos que contêm pectina. As pectinases são classificadas em três classes: esterases pectínicas, enzimas despolimerizantes (hidroloses, liases) e protopectinases (Hoondal *et cd.*, 2002). Dependendo da tolerância ao pH, as pectinases são divididas em dois tipos - pectinases alcalinas e pectinases ácidas. De acordo com várias descobertas, *Bacillus* spp., particularmente as estirpes *B. subtilis* são fontes bacterianas bem estudadas para a produção de pectinases alcalinas (Hoondal *et al.*, 2002; Kapoor *et al.*, 2000; Gupta *et al.*, 2007). As pectinases alcalinases têm-se tornado em vários outros processos, tais como a purificação de vírus vegetais (Salazar e Jayasinghe, 1999), fabrico de papel (Reid e Ricars, 2000; Viikari *et al.*, 2001) e degomagem de fibras vegetais, tais como ramie, sum hemp, juta, linho e cânhamo (Gurucharanam e

Despanday, 1986). O tratamento com pectinase acelera a fermentação do chá e também destrói a propriedade de formação de espuma do pó de chá instantâneo, destruindo os pectins (Carr, 1985). Microorganismos pectinolíticos são utilizados na fermentação do café para remover a camada mucilaginosa dos grãos de café (Carr, 1985). Óleos cítricos como o óleo de limão podem ser extraídos com pectinases, uma vez que estas enzimas destroem as propriedades emulsificantes da pectina, que interferem com a recolha de óleo de extractos de casca de citrinos (Scott, 1978).

2.4.2. Processo de produção enzimática

A produção enzimática era normalmente realizada em

1. Fermentação Submersa (SmF) e
2. Fermentação em estado sólido (SSF)

2.4.2. 1. Fermentação submersa (SmF)

SmF é o processo em que o meio líquido é utilizado para o cultivo de microrganismos. Este processo é amplamente aceite no rótulo industrial para a produção de enzimas e tem várias vantagens, bem como desvantagens.

(I)   Vantagens

1. A interface de contacto entre microrganismos e nutrientes é perfeitamente seguida.
2. Todos os parâmetros de cultura são alcançados na perfeição.
3. O nível mais elevado de transferência de massa é atingido.
4. F ermentação cinética seguiu perfeitamente.

(II)   Desvantagens

1. A concentração do produto é baixa na fermentação submersa.
2. O processo a jusante é mais complicado.
3. A fermentação submersa é mais susceptível de contaminação.

2.4.2. 2. Fermentação em estado sólido (SSF)

A SSF tem lugar na ausência e quase ausência de água livre, estando assim próxima do ambiente natural ao qual os microrganismos estão adaptados (Holker *et al.*, 2004). O objectivo do SSF é levar os microrganismos cultivados a um contacto estreito com os substratos insolúveis e assim alcançar a maior concentração de substrato durante a fermentação.

(I)   Vantagens

1. A maior concentração do substrato é alcançada.

2. A concentração do produto é elevada em comparação com o SmF.

3. A separação / recuperação do produto é menos rentável em comparação com o SmF.

4. As probabilidades de contaminação são menores.

(II)   Desvantagens

1. Os parâmetros de cultura (pH, temperatura, aeração) não podem ser controlados em SSF.

2. A transferência de massa não é conseguida na perfeição.

3. É gerado muito calor, o que é difícil de enganar.

2.4.3. Optimização do processo de produção enzimática

(I)   Método convencional

Esta optimização do processo é levada a cabo tendo uma abordagem disponível de cada vez, mantendo todos os outros parâmetros na sua posição normal. Este processo é um método moroso e laborioso de rastreio de um grande número de variantes.

(II)   Método Analítico Multivariado

A Metodologia de Superfície de Resposta (RSM) é um método de análise estatística multivariada utilizado para rastreio quando se considera um grande número de variáveis. A RSM é um conjunto de procedimentos estatísticos, que pode ser utilizado como ferramenta para superar o número de problemas de optimização do processo (Liew *et al.*, 2005), basicamente o processo de optimização envolve três etapas principais: realizar as experiências estatisticamente concebidas, estimar os coeficientes num modelo matemático e prever a resposta e verificar a adequação do modelo (Rao e Satyanrayana, 2003). A optimização estatística não só permite uma selecção rápida de grandes domos experimentais, mas também reflecte o papel de cada um dos componentes. O RSM já foi aplicado com sucesso para condições em muitos processos de cultivo para a produção de metabolitos primários e secundários (Boyaci, 2005) incluindo aminoácidos (Xiong *et al.*, 2005), etanol (Carvalho *et al.*, 2003) e enzimas (Rao e Satyanarayana, 2003).

Capítulo-3

METODOLOGIA DE INVESTIGAÇÃO

Capítulo 3. METODOLOGIA DE INVESTIGAÇÃO

3.1. ISOLAMENTO DO MICRORGANISMO DO ESTRUME DE VACA

Os pulmões das vacas (frescos, de 6 e 12 meses de idade) foram recolhidos das vacas em lactação do curral próximo e trazidos em sacos estéreis de polietileno para o Laboratório de Microbiologia do Centro Regional do C.T.C.R.I., Bhubaneswar. O esterco de vaca recolhido foi diluído a 10^{12} - 10^{16} diluições com água destilada estéril e um ml de cada diluição foi adicionado nos seguintes meios:

(1) **Nutriente Agar (NA)** [g/1 (água destilada)] (Para enumerar as bactérias):

Peptone	5.0
Extracto de carne de bovino	1.0
Extracto de levedura	3.0
NaCl	5.0
Ágar	15.0
pH	7.2

(2) **Rei B** [g /1 (água destilada)]:
(Para enumerar actinomicetos)

Peptone	20.0
Glicerol	10 ml
K2HPO4	1.5
MgSO4	1.5
Ágar	15.0
pH	7.2

(3) **Ágar Dextrose de Batata (PDA)** [g /1 (água destilada)] : (Para enumeração de fungos)

Batata	-	250.0
Dextrose	-	20.0
Ágar	-	15.0
pH	-	6.8

(4) **Meios específicos de *Trichoderma*** [g /1 (água destilada)]:
(Para enumerar a população de *Trichoderma*)

MgSO4.7H2O	0.2

K2HPO4		0.9
KC1	-	0.3
NH4NO3	-	3.0
Glucose	-	3.0
Cloromofenicol	-	0.25
Pentacloro nitrobenzeno -		0.2
Rosa Bengala	-	1.5
Captan	-	0.2
Metaloxyl	-	1.6
pH	-	5.5

Três réplicas (placas de Petri) foram mantidas para cada diluição e incubadas a 30°C até serem observadas colónias. Os dados são dados como meio das três réplicas.

3.2. ISOLAMENTO DOS AGENTES PATOGÉNICOS FÚNGICOS DOS TUBÉRCULOS DE INHAME

Os tubérculos *Dioscorea rotundata* L. foram recolhidos em diferentes mercados em Orissa, Índia. Amostras de materiais doentes (8-10 por lote com sintomas idênticos) foram trazidas para o laboratório, onde os isolamentos foram feitos.

O isolamento foi feito assepticamente dentro de uma câmara de inoculação de fluxo de ar laminar utilizando os bordos que avançam e a partir do centro das lesões. Pedaços de tecido doente, expostos por corte, foram transferidos para PDA e mantidos numa incubadora de Demanda Biológica de Oxigénio (CBO) a 28°C. Os fungos que se desenvolveram foram repetidamente subcultivados até ficarem puros e mantidos em slants de PDA. Entre os fungos isolados, *Fusarium oxysporum* e *Botryodiplodia theobromae* foram encontrados mais frequentemente em tubérculos de inhame infectados e cresceram mais rapidamente em comparação com outros. Assim, estes dois fungos *(F. oxysporum* e *B. theobromae)* foram escolhidos como fungos de teste para experiências.

3.3. ACTIVIDADE DE BIOCONTROLO POR *B. SUBTILIS*

3.3.1. Selecção de microrganismos antagónicos

Apenas as bactérias e actinomicetos isolados como descrito anteriormente (Secção 3.1) foram pré-avaliados contra os agentes patogénicos de teste, ou seja, *F. oxysporum* e *B. theobromae*. Cinco estirpes de bactérias (CM1, CM2, CM3, CM4 e CM5) foram finalmente seleccionadas devido à sua actividade antagonista (medição das zonas de inibição). As estirpes bacterianas seleccionadas foram identificadas como *Bacillus subtilis* com base na morfologia da colónia, características fisiológicas e bioquímicas, consultando o Manual de Bacteriologia Determinativa de Bergey (Holt *et al.,* 1994). Estas estirpes foram posteriormente confirmadas por 16S rDNA filogenia no Institute of Life Science, Bhubaneswar.

3.3.2. Estudo de antagonismo pelo método da dupla cultura - placa

Os micélios de *F. oxysporum* e *B. theobromae* foram duplamente cultivados com duas estirpes eficientes de *B. subtilis* (CM1 e CM3), como descrito por Montealegre *et al.* (2003). Um disco de 10 mm de cultura pura de *F. oxysporum* ou de *B. theobromae* foi colocado no centro de uma placa de Petri (10 cm) contendo PDA. Uma linha circular feita com uma placa de Petri de 6 cm de diâmetro mergulhada numa suspensão de estirpes de *B. subtilis* (6x10s CFU /ml) foi colocada à volta do inóculo fúngico. As placas foram cultivadas durante 72h a 30°C e o crescimento fúngico (o diâmetro do relvado produzido pelo agente patogénico) foi medido e comparado com o crescimento controlado, onde a suspensão bacteriana foi substituída por água destilada estéril. Cada experiência considerando um único *F. oxysporum* ou *B. theobromae* isolado foi executado em duplicado e foi repetido pelo menos três vezes. Os resultados são expressos como o meio de % de inibição do crescimento do correspondente *F. oxysporum* e *B. theobromae* isolado na presença de qualquer dos isolados de *B. subtilis* (CM1 ou CM3).

A percentagem de inibição foi calculada utilizando a seguinte fórmula (Montealegre *et al.,* 2003):

% Inibição = [1 - (Diâmetro do relvado / Controlo do crescimento)] *100

3.3.2.1. Selecção das bactérias antagonistas mais eficazes

As bactérias antagonistas efectivas foram seleccionadas pelo método da placa de cultura dupla, como descrito acima (Secção 3.3.2.). Entre as cinco estirpes isoladas CM1 e CM3 foram encontradas as bactérias antagonistas mais eficazes.

3.3.3. ADN polimórfico amplificado aleatório (RAPD) de ADN genómico de *B. subtilis*

3.3.3.1. Isolamento do ADN genómico de estirpes *subtilis*

3.3.3.1.1. Reagentes

1. 100 ml de tampão Lising 2X - 100 mM Tris HCl (pH 8,0) (10 ml), 4 ml de EDTA dissódico 20 mM, 1,75 g de NaCl 0,3 M, 2g de SDS, 2ml de mercaptoetanol 0- e 5mg de proteinase K foram misturados em água bidestilada.
2. RNase - 1 mg/ml RNase A dissolvido em 0,15 M NaCl (pH 5,0), 4.000 U/ml Ti RNase.

3. TE tampão - 10 mM Tris-HCl (pH 8,0), 1 mM EDTA.

4. 5 M NaClO4

5. Fenol

6. Clorofórmio

7. Álcool isoamílico

8. Isopropanol

9. 3 M de acetato de sódio

3.3.3.1.2. Método

As estirpes de *B. subtilis* cultivadas durante a noite (CM1-CM5) em Caldo Nutriente (NB) foram centrifugadas a 5000 g durante 15 min. e as paletes de células foram recolhidas para extracção de ADN. As paletes de células descongeladas foram ressuspendidas em 8 ml de tampão de suspensão celular e transferidas para um Erlenmeyer de 125 ml com rolha de vidro. O isozyme seco (concentração final 1 mg/ml) foi adicionado ao conteúdo do frasco, misturado e incubado a 37°C durante 3 h. Após a incubação, 8 ml de solução de lisagem 2X (85°C) e 4 ml de NaClO4 5 M foram adicionados à mistura. Os frascos foram incubados a 55°C durante 2h para lisar as células. Após esta incubação, 8 ml de fenol: clorofórmio: álcool isoamílico (25:24:1) foi adicionado a cada frasco, agitado vigorosamente para homogeneizar a mistura e colocado no agitador durante 20 min. As misturas foram vertidas em tubos de centrifugação e centrifugadas a 17.000 g a 4°C durante 10 min. Após a centrifugação, a camada aquosa foi removida do tubo de centrifugação, colocada noutro tubo de centrifugação limpo e a extracção foi repetida até que nenhuma camada proteica estivesse presente na amostra centrifugada.

Após a última extracção, a camada aquosa foi colocada num frasco limpo e foi adicionado 0,6 volume de isopropanol a 100% para precipitar os ácidos nucleicos. O frasco foi rodado para coagular o ácido nucleico e o álcool foi derramado. Adicionou-se etanol a 80% frio ao frasco e incubou-se durante 10 - 15 min. com agitação ocasional para lavar as amostras. O etanol foi vertido, os ácidos nucleicos colados ao fundo do frasco e virados de cabeça para baixo para secar.

Os ácidos nucleicos foram desidratados em 8 ml de tampão TE e 125 pl RNase foi misturado. Após incubação a 37°C durante 1 h, foram adicionados 2 ml de clorofórmio: álcool isoamílico a cada frasco. Os frascos foram agitados vigorosamente para homogeneizar a mistura e colocados sobre o agitador durante 20 min. O conteúdo de cada frasco foi vertido em tubos de centrifugação e centrifugado a 17.000 g e 4°C durante 10 min. A camada aquosa foi removida, colocada num copo de 100 ml e foram adicionados 800 pl de acetato de sódio 3 M. A amostra foi sobrepostos com dois volumes de etanol a 95% e o ADN foi recolhido numa vareta de vidro. O ADN foi lavado em etanol frio a 80%; a vareta de vidro foi invertida e colocada no copo para deixar secar o ADN. Uma vez seco, o ADN foi ressuspenso em 1 ml quente TE e armazenado a - 20°C (Dingman and Stathly, 1983).

3.3.3.2. RAPD de ADN genómico isolado *B. subtilis*

Os DNAs das estirpes de *B. subtilis* (CM1-CM5) foram isolados de culturas cultivadas durante a noite em 10 ml NB pelo método descrito na secção 3.3.3.1. Um único iniciador RAPD OPA-15 (5' TTCCCGACC 3') específico para *Bacillus* spp. foi utilizado para amplificação de ADN (Lampe, 1998). A mistura de reacção (20 pl) continha 40 ng de ADN genómico *B. subtilis* e 40 p-mole de iniciador RAPD. Os ciclos de PCR foram realizados num ciclo térmico de ADN (Modelo No. 200, MS Research, UK) da seguinte forma: quatro ciclos a 94°C durante 5 min., 30°C durante 5 min. e 72°C durante 5 min., 30 ciclos a 94°C durante 30 s., 35°C durante 15 s. e 72°C durante 1 min. e finalmente extensão de 72°C para

10 min. A mistura de PCR foi electroforesada em gel de agarose a 1,5% em tampão EDTA tris-borato para confirmar a tipagem RAPD (Darling *et al.*, 1998).

3.3.4. Interacção de *B. subtilis* contra agentes patogénicos fúngicos estudados em caldo líquido

A interacção de *F. oxysporum* e *B. theobromae* com *B. subtilis* CM 1 e CM3 foi estudada em caldo de batata dextrose (PD) individualmente. Discos de ágar (5 mm de diâmetro) de *F. oxysporum* e *B. theobromae* foram inoculados individualmente em frascos de 250 ml de Erlenmeyer, cada um contendo 50 ml de caldo de PD. As suspensões de *B. subtilis* CM1 e CM3 (1*106 UFC/ml) foram inoculadas, individualmente para caldo de PD. Para cada experiência, os frascos em triplicado foram incubados a 30°C durante 5 dias numa incubadora em condições estáticas. As culturas de controlo foram cultivadas sem bactérias. Os pesos secos miceliais do fungo cultivado na presença ou ausência de *B. subtilis* CM1 e CM3, individualmente, foram determinados através da filtragem do meio gasto utilizando o papel de filtro Whatman n° 1 e a massa da célula de secagem no papel de filtro a 60°C durante 3 dias.

3.3.5. Interacção de *B. subtilis* contra agentes patogénicos fúngicos estudados por microscopia electrónica de varrimento

A interacção entre *B. subtilis* CM1 e o fungo *(F. oxysporum* e *B. theobromae)* foi feita usando um microscópio de combate (Nikon Efipsa E 400, Japão). Também a interacção entre *F. oxysporum* e CM 1 foi monitorizada por microscopia electrónica de varrimento (SEM) utilizando o microscópio electrónico de varrimento Phillips XL-20 (Holanda).

Para SEM, *B. subtilis* CM1 e *F. oxysporum* cultivado individualmente (controlo) e em consórcio foi elucidado durante 12, 24 e 36h. As amostras de cultura individuais e em consórcio (estirpe *B. subtilis* CM1 e *F. oxysporum)* foram colhidas do meio de cultura por centrifugação e lavadas com água estéril não iónica durante 2 a 3 vezes. As amostras foram fixadas em 2,5% de glutaraldeído durante 2h a 4°C. As amostras foram desidratadas durante 30 minutos lavadas com 30, 50, 70, 90, 95 e álcool etílico a 100%. As amostras foram montadas numa facada metálica com uma cobertura de vidro e foram deixadas secar ao ar à temperatura ambiente (30 ± 2°C) durante 10 min, em vez de secagem em pontos críticos, para evitar perturbações da interacção entre as células bacterianas e fúngicas. As amostras montadas foram revestidas com partículas de ouro antes de serem vistas com um microscópio electrónico de varrimento Phillips XL-20 (Holland) (Nautiyal *et al.*, 2002).

3.3.6.   Enzima quitinase sobre a actividade de biocontrolo

3.3.6.1.   Produção de quitinase

Um ml de suspensão de esporos (1*109 esporos/ml) de cada estirpe (CM1 e CM3) foi inoculado individualmente em frasco Erlenmeyer de 100 ml contendo meio líquido de quitina coloidal (os constituintes são dados abaixo) [g/1 (água destilada)]:

Quitino-1	.00 coloidal
KH2PO4-1	.00
NaNO3-2	.00
MgSO4 7H2O-0	.01
Extracto de levedura-10.00	

e o pH foi ajustado para 7,0. Os frascos em triplicado foram incubados à temperatura ambiente (30 ± 2°C) durante 36 h. num agitador de incubadora a 120 rpm.

3.3.6.2.   Extracção enzimática

A cultura bacteriana foi centrifugada a 5000 g durante 15 min e o sobrenadante livre de células foi tomado para ensaio enzimático.

3.3.6.3.   Ensaio de quitinase

3.3.6.3.1.   Reagentes

1. Tampão citrato de sódio 0,1 M, pH 5,0
2. Quitina colidal (25 mg de quitina foi dissolvida em tampão de acetato de sódio 0,1 M pH 5,2)
3. 0,8 M Tetraborato de potássio (K2B4O7)
4. ^-dimetil aminobenzaldeído (DMAB): DMAB (1 g) dissolvido em 100 ml de ácido acético glacial contendo 1,2% (v/v) 10 N HC1.
5. Albumina de soro bovino (BSA): 3 mg/ml B SA mistura.

3.3.6.3.2. Método

Para testar a quitinase, 1 ml de extracto enzimático, 4 ml de suspensão de quitina, 1 mg/ml de BSA foram misturados e incubados num banho de água a 37°C durante 3 h. Um ml da reacção da mistura acima referida foi diluído com 1 ml de água destilada e fervido num tubo de centrífuga de vidro coberto com esferas durante 10 min. Após o tratamento térmico, a mistura de reacção foi centrifugada e o sobrenadante foi tomado para análise posterior. O sobrenadante (0,5 ml) foi misturado bem com 0,1 ml deK2B4O7 e fervido durante exactamente 3 minutos. Após arrefecimento, o sobrenadante misturado com K2B4O7 foi adicionado com 3 ml de DMAB e a absorvência da mistura de reacção foi tomada imediatamente a 585 nm contra branco preparado sem quitina e enzima. A actividade da quitinase foi determinada como pg de и-acetylglucosamina produzida/min/ml.

3.3.7. Papel do ácido oxálico (OA) na actividade de biocontrolo

3.3.7.1. Preparação da suspensão de esporos

A suspensão de esporos foi preparada através da colheita de culturas de fungos com 6 dias *(F. oxysporum* e *B. theobromae)* em água destilada estéril e diluída a uma concentração de 6x106 esporos/ml. A suspensão de esporos de *B. subtilis* foi preparada a partir de uma cultura de 3 dias de idade, conforme descrito acima, e diluída numa concentração de 6xf06 esporos/ml. As concentrações acima referidas foram utilizadas em todas as experiências.

3.3.7.2. Acumulação de ácido oxálico por fungos

Um ml de suspensão de esporos do fungo *(F. oxysporum* ou *B. theobromae)* preparado como acima foi inoculado em frascos de Erlenmeyer de 250 ml contendo 50 ml de caldo de Potato-Dextrose (PD) e os frascos, em triplicado, foram incubados durante 10 dias à temperatura ambiente (30 ± 2°C), com estimativa periódica do pH do meio e da acumulação de ácido oxálico (OA). Após cada conjunto de medição, a esteira micelial (massa celular após filtração através do papel de filtro Whatmann n° 1) correspondente a cada colheita foi seca no forno a 80°C até massa constante. O filtrado de cultura foi centrifugado a 10.000g durante 20 min. e o sobrenadante claro foi utilizado para a estimativa de OA, como descrito mais adiante na secção 3.3.7.9.

3.3.7.3. Estudo *in vitro* da acumulação de ácido oxálico por fungos em tubérculos de inhame

O inhame (D. *rotundata)* tubérculos sem cortes e contusões foram seleccionados e lavados durante 10 min em água corrente da torneira e depois esterilizados à superfície com 1%.

Solução NaOCl durante 10 min. Estes tubérculos foram novamente lavados em água corrente da torneira e secos ao ar à temperatura ambiente. Inoculações de *F. oxysporum* e *B. theobromae* foram feitas sob fluxo laminar de ar, colocando discos de ágar de 0,8 cm de diâmetro retirados da margem da cultura de 6 dias de idade em ágar dextrose de batata (PDA) na cavidade da ferida que foi produzida através da inserção de uma broca de cortiça esterilizada para remover o núcleo dos tecidos. Tubérculos que não foram inoculados com fungos, serviram como controlo. Os tubérculos tratados e não tratados eram mantidos à temperatura ambiente. Após 12 dias de incubação, os tubérculos foram cortados diametralmente ao longo do ponto de inoculação. Os tecidos infectados e não infectados com fungos foram tomados para a estimativa de OA.

3.3.7.4. Desintoxicação com ácido oxálico por /1. *subtilis* CM1

Para estudar a desintoxicação por OA, um ml de suspensão de esporos de OA (0,5 gd)-adaptados (*os* esporos de *B. subtilis* foram anteriormente cultivados em meio de cultura contendo 0,5 gd de OA e esporos colhidos) e esporos não adaptados de *B. subtilis* foram inoculados em meio Peptone- Sal Mineral (PMS) com a seguinte composição [gd (água destilada)] Peptone-2 ,0

$$
\begin{array}{ll}
\text{MgSO4-0} & .50 \\
\text{MnCl-0} & .50 \\
\text{CaCl-0} & ,50 \\
\text{NaCl-0} & .05 \\
\text{pH-6} & ,5 \\
\end{array}
$$

e OA de várias concentrações (0,2 -1,0 gd). Foram mantidos frascos triplicados para cada tratamento. A concentração de OA no meio foi estimada em intervalos de 12h até 72h.

3.3.7.5. Acumulação de ácido oxálico por fungo de co-cultura com *B. subtilis* CM1

A acumulação de OA foi estudada incubando os frascos de crescimento, em triplicado, durante 6 dias contendo 50 ml de caldo de batata dextrose (PD), o qual foi inoculado com co-cultura de *B. subtilis* CM 1 e *F. oxysporum* ou *B. theobromae,* como se segue:

> A inoculação de ambas as culturas foi feita simultaneamente,

> A inoculação do fungo foi feita 24h antes ou depois da inoculação de *B. subtilis* e

> Monocultura de *B. subtilis, F. oxysporum* e *B. theobromae* foram mantidos como controlos.

A acumulação de OA por co-cultura simultânea de *B. subtilis* CM 1 e os fungos também foi estudada incubando os frascos de crescimento em triplicado, contendo meio PD de pH diferente (5, 6, 7 e 8). Monocultura de *F. oxysporum* e *B. theobromae* foram mantidos como controlos. No final do período de incubação de 6 dias, foi estimada a massa de OA e de células microbianas.

3.3.7.6. Acumulação de ácido oxálico por fungos

Um ml de suspensão de esporos do fungo (*F. oxysporum* e *B. theobromae*) foi inoculado em 250 ml de Erlenmeyer contendo 50 ml de caldo PD e os frascos em triplicado foram incubados durante 10 dias à temperatura ambiente, 30 ± 2°C com estimativa periódica do pH do meio e da acumulação de OA. Após cada conjunto de medições, a esteira micelial (massa celular após filtração através do papel de filtro Whatman n° 1) correspondente a cada colheita foi seca no forno a 80°C até à massa contida. O filtrado de cultura foi centrifugado a 10.000 rpm durante 20 min e o sobrenadante claro foi utilizado para a estimativa de OA, conforme descrito na Secção 3.3.7.9.

3.3.7.7. Estudo *in vitro* por acumulação de ácido oxálico por fungos em tubérculos de inhame

Tubérculos de inhame (D. *rotundatd*) livres de cortes e contusões foram seleccionados e lavados durante 10 min em água corrente da torneira e depois esterilizados à superfície com solução de NaOCl a 1% durante 10 min. Estes tubérculos foram novamente lavados em água corrente da torneira e secos ao ar à temperatura ambiente. Inoculações de *F. oxysporum* e *B. theobromae* foram feitas sob fluxo de ar laminar, colocando discos de ágar de 0,8 cm de diâmetro retirados da margem da cultura de 6 dias de idade em PDA na cavidade da ferida que foi produzida através da inserção de uma broca de cortiça estéril para remover o núcleo dos tecidos. Tubérculos que não foram inoculados com fungos serviram de controlo. Os tubérculos tratados e não tratados eram mantidos à temperatura ambiente. Após 12 dias de incubação, os tubérculos foram cortados diametralmente ao longo do ponto de inoculação. Os tecidos infectados e não infectados com fungos foram tomados para a estimativa de OA.

3.3.7.8. Desintoxicação com ácido oxálico b y /t. *subtilis* CM1

Para estudar a desintoxicação por OA, 1 ml de suspensão de esporos de O A (0,5 g/l)-adaptados (esporos de *B. subtilis* foram anteriormente cultivados em meio de cultura contendo 0,5 g/l de O A e esporos colhidos) e esporos não adaptados de *B. subtilis* foram inoculados em meio Peptone-Mineral Sal (PMS) com a seguinte composição: (g/ 1: peptona, 2,0; MgSO4, 0,5; MnCl, 0,5 e CaCl2, 0,5; NaCl, 0,05) e OA de várias concentrações (0,2 - 1,0 g/l). Foram mantidos frascos triplicados para cada tratamento. A concentração de OA no meio foi estimada em intervalos de 12h até 72h.

3.3.7.9. Estimativa do ácido oxálico

3.3.7.9.1. Reagentes

1. Tampão de acetato de cloreto de cálcio

    (a) Solução 1: Cloreto de cálcio anidro (25g) foi dissolvido em 250 ml de ácido acético a 50%.

(b) Solução 2: O acetato de sódio tri-hidratado (330 g) foi misturado em 500 ml de água.

As soluções 1 e 2 foram combinadas e o pH foi ajustado para 4,5.

2.   5% de ácido acético foi saturado com oxalato de cálcio.

3.   4NH2SO4

4.   0,02 N permanganato de potássio

3.3.7.9.2. Método

Cinco ml do filtrado de cultura livre de células foram misturados com 4 mg de tampão de acetato de cloreto de cálcio (pH 4,5) e a mistura foi autorizada a permanecer de um dia para o outro e centrifugada a 8000 g para 10min. O sobrenadante foi descartado e o sedimento lavado com 5 ml de ácido acético a 5% saturado com solução de oxalato de cálcio. O sedimento foi recolhido após centrifugação a 8000 g durante 10 minutos. O sedimento foi dissolvido em frasco de 100 ml e aquecido a 80-90°C em banho-maria. Depois foi titulado contra permanganato de potássio 0,02N enquanto a solução estava em estado quente. A titulação foi continuada até persistir uma cor permanente de rosa finta. Um ml de permanganato de potássio 0,02 N reagiu com 1,2653 mg de ácido oxálico. A quantidade de ácido oxálico em sobrenadante foi calculada através da seguinte fórmula:

Ácido oxálico (mg) = 1,2653* volume de 0,02 N permanganato de potássio consumido em titulação

3.3.7.10. Purificação parcial da proteína desintoxicante do ácido oxálico

A proteína desintoxicante de OA foi parcialmente purificada por fraccionamento de sulfato de amónio seguido de diálise. Um total de 100 ml de filtrado de cultura bacteriana foi centrifugado a 8000 g durante 20 min a 4°C para remover as células. O sobrenadante foi levado a 70 % de saturação de sulfato de amónio a 4°C num banho de gelo. A proteína precipitada foi recolhida por centrifugação a 8000 g a 4°C e dissolvida num volume mínimo de tampão fosfato (0,1 M; pH, 6,0). A solução enzimática foi dialisada a 4°C contra o mesmo tampão durante 24h com agitação contínua e quatro mudanças do mesmo tampão.

3.3.7.11. Electroforese e determinação da massa molecular da proteína desintoxicante do ácido oxálico

3.3.7.11.1. Reagentes

1.   Acrilamida e Bis-acrilamida (30%): Acrilamida (29,2 g) e bisacrilamida 0,8 g foram misturados em 100 ml de água bidestilada.

2.   1,5 M Tris- HCl, pH 8,8: Tris-HCl (18,15g) foi dissolvido em aproximadamente 50 ml de água deionizada. O pH final foi ajustado a 8,8 com 6N HCl e o volume final da solução foi feito até 100 ml. com água desionizada. A solução foi armazenada a 4°C.

3. 0,5M Tris -HC1, pH 6,8: Tris HC1 (6g) foi dissolvido em 60 ml de água deionizada. O pH final foi ajustado a 6,8 com 6N HC1 e o volume da solução foi feito até 100 ml com água desionizada. A solução foi armazenada a 4°C.

4. 2-marcaptoetanol

5. Glicerol

6. 20% Sulfeto de dodecilo de sódio (SDS)

7. Azul de bromofenol (0,5%)

8. Metanol

9. Ácido acético

10. TEMED

11. Preparação de gel de empilhamento: O gel de perseguição foi preparado da seguinte forma: 6,1 ml de água destilada. 2,5 ml de Tris-HCl 0,5 M pH 6,8, 0,1 ml de SDS 10%, 1,3 ml de acrilamida e solução de empilhamento de bisacrilamida foram misturados e deixados a desgaseificar. Após a desgaseificação, 0,05 ml de persulfato de amónio a 10% e 0,01 ml de TEMED foram adicionados à solução acima.

12. Preparação do gel separador: O gel separador foi preparado da seguinte forma: 7,0 ml de água destilada , 5 ml de 1,5 Tris-HCl pH 8,8, 0,2 ml de SDS 10%, 8,0 ml de acrilamida e solução de pilha de bisacrilamida foram misturados e deixados desgaseificar. Após a desgaseificação, 0,01 ml de persulfato de amónio a 10% e 0,01 ml de TEMED foram adicionados à solução acima.

13. Preparação da amostra tampão: O tampão de amostra foi preparado misturando 2,5 ml de água desionizada, 1,0 ml de 0,5 M Tris-HCl pH 6,8, 0,8 ml de 2-marcaptoetanol, 1,6 ml de glicerol, 1,6 ml de 20 % SDS, 1 ml de azul de bromofenol 0,5 %.

14. Preparação do amortecedor de eléctrodos: O tampão de eléctrodo foi preparado misturando: 3,0 g de Tris-HCl, 14,4 g de glicina e 1 g de SDS em 100 ml de água destilada.

15. Preparação da solução de coloração: Mistura de coomassie azul brilhante (0,2 g), 30 ml de metanol e 10 ml de ácido acético em 60 ml de água destilada.

16. Solução de contenção: A solução foi preparada como descrito acima, sem Coomassie azul brilhante.

3.3.7.11.2. Método

A proteína parcialmente purificada foi electroforaseada em 12% de Dodecyl Sulfete de Sódio - Polyacrylamide Gel Electrophoresis (SDS-PAGE) usando um sistema de electroforese Mini GEL (Modelo

No 0502, Bangalore Genei Pvt. Ltd., Bangalore, Índia) como descrito por Laemmli (1970). A proteína bacteriana foi corada com 0,2% de Coomassie Brilliant Blue. A massa molecular da proteína desintoxicante parcialmente purificada OA foi estimada usando um 'marcador de proteína' padrão (PMW-M) de massa molecular conhecida (14300 - 97400 Da) (Bangalor Genei Pvt. Ltd., Bangalore, Índia).

3.3.8.1. Estudo *in vivo* da actividade de inibição de *B. subtilis* (CM1 e CM3) contra *F. oxysporum* e *B. theobromae* em tubérculos de inhame

B. subtilis CM1 e CM3 foram testados contra *B. theobromae* ou *F. oxysporum* em tubérculos de inhame. Os tubérculos seleccionados eram saudáveis e tinham geralmente 30 cm de comprimento com uma circunferência de 20 cm (região média). Após esterilização superficial com solução de NaOCl a 1% durante 10 min, foram feitos poços (3 mm de profundidade e 6 mm de largura) na região do meio do tubérculo utilizando uma broca de cortiça estéril. O inóculo do disco de ágar de 0,8 cm de diâmetro retirado da margem da cultura de 5 dias de *B. theobromae* ou *F. oxysporum* em PDA foi colocado nos poços.

Grupos separados de tubérculos foram inoculados de acordo com os seguintes regimes de inoculação:

1. Tubérculo inoculado apenas com fungo de deterioração,
2. Tubérculos inoculados apenas com o potencial antagonista, e
3. Tubérculos inoculados com os fungos de deterioração e antagonista, simultaneamente.

Após a inoculação, o cilindro de tecido de inhame originalmente removido para criar o poço de inoculação foi substituído e os bordos do poço foram selados com cera de vela fundida estéril. Seis tubérculos réplicas preparadas para cada um dos tratamentos foram incubados à temperatura ambiente durante sete semanas antes de os tubérculos serem cortados através dos locais de inoculação para avaliar a extensão da podridão. A extensão da podridão foi estimada como a soma da largura (ao longo do eixo principal dos tubérculos) e profundidade (perpendicular ao eixo principal) no tecido afectado pela podridão. A extensão da podridão estimada para um emparelhamento antagónico de fungos foi comparada com a do controlo adequado (apenas fungo) para obter uma medida do nível de controlo da doença e, portanto, do antagonismo *in vivo* pelos antagonistas.

3.4 . ACTIVIDADE DE PROMOÇÃO DO CRESCIMENTO DE PLANTAS POR *B. SUBTILIS*

3.4.1 Solubilização de fósforo por K *subtilis*

3.4.1.1. Em meio líquido

A estimativa qualitativa da solubilização do fósforo (P) foi realizada utilizando o meio de crescimento do fosfato modificado do Instituto Nacional de Investigação Botânica (NBRIP) (Mehta e Nautiyal, 2001). Frascos Erlenmeyer (250 ml) em triplicados contendo 100ml de meio [g/1 (água destilada)]:

Glucose-10   .00

Fosfato tri-cálcico (PC) -5   ,00

MgCl2-5   .00

MgSO4-0   .5

(NH4)$_{2SO4-0}$ .1

Azul de bromofenol (BPB)   -0   ,025

foram inoculados com um ml (2x10s CFU/ml) de suspensão de esporos de *B. subtilis* (CM1 - CM5). Os frascos não inoculados foram mantidos como controlo. Os frascos inoculados e de controlo foram incubados à temperatura ambiente (30 ± 2°C) durante 48h. A diminuição da cor azul de BPB devido à acidificação do meio (indicando solubilização de P) (Mehta e Nautiyal, 2001) foi observada visualmente.

Para a estimativa quantitativa da solubilização de P, foi utilizado meio NBRIP menos BPB (para eliminar a interferência de cor) para determinar o fosfato disponível (solúvel). Cem ml do meio tomados em 250 ml de Erlenmeyer (em triplicado) foram inoculados com cultura bacteriana (CM1 - CM5) (2x10s CFU/ml) e incubados durante 48h. Após a incubação, os filtrados de cultura (filtrados através do papel de filtro Whatman No. 42) foram analisados quanto à actividade disponível de fosfato, pH e fosfatase (ácido e alcalino). Numa outra experiência, apenas a estirpe CM1 foi utilizada para estudar o progresso da solubilização de P (disponibilidade de fosfatos e actividade da fosfatase) com intervalos de 12 h até 48 h.

3.4.1.2. . Actividade fosfátase em sistemas de solo

Foi utilizado um solo arenoso (Entisol) (pH 7,2; C orgânico, 0,56%, N total, 0,08%). Amostras de solo (20 g peneiradas ao tamanho de partícula de 2 mm) colhidas em frascos de 250 ml de Erlenmeyer foram autoclavadas durante 1 h a 121°C em três dias sucessivos e no arrefecimento foram ajustadas para 60% (v/w) de humidade com água desionizada estéril. A esterilização do solo foi verificada por banho em meios adequados e depois emendada com fosfato tri-cálcico (CP) (1%) e inoculada com um ml de cultura inicial bacteriana (2x10s UFC/ml). Os frascos foram envolvidos com folha de alumínio perfurada com buracos finos para permitir a troca de gás. A actividade disponível de fosfato, pH e fosfatase (ácido e alcalino) foi determinada com um intervalo de 5 dias até 25 dias.

Numa outra experiência, esterco fresco de vaca (CD) (10%) [contendo aproximadamente (2x10s CFU/g,) *B. subtilis* population] e 1% CP foram adicionados à amostra de solo autoclavado (20g) tirada em frascos de Erlenmeyer (em triplicado). O solo autoclavado sem emenda de CD serviu de controlo. O conteúdo de humidade no controlo e solo mais CD foi ajustado para 60%. O fosfato disponível, pH e actividade da fosfatase foram determinados com intervalos de 5 dias até 25 dias. Os solos de controlo e CD alterados foram analisados para pH (solo: água, 1:2) utilizando eléctrodo de vidro.

O P disponível foi determinado agitando o solo (20g) com 80 ml de reagente de Olsen (0,5 M NaHCO3, pH 8,5) seguido de filtração através do papel de filtro Whatman No. 42 e as alíquotas foram utilizadas para a estimativa da fosfatase e fosfato, como descrito na secção 3.4.4 e 3.4.5, respectivamente.

58

3.4.1.3. Aplicação *in vivo* (em planta) deB. *subtilis*

As sementes de ervilha de vaca *(Vigna unguiculata* L.) foram esterilizadas à superfície com solução de NaOCl a 1% durante 10 min e divididas em três conjuntos. No primeiro conjunto, as sementes foram colocadas em buracos de plantação (5 mm cada) de solo pré-esterilizado (autoclavado a 121 °C durante 1 h durante três dias sucessivos) (1 kg) emendado com CP (1%) contido em sacos de polietileno (PB). Três ml de suspensão de esporos bacterianos foram aplicados ao PB individual em buracos de plantação. No segundo conjunto, as sementes foram igualmente colocadas em PB contendo solo esterilizado mas emendadas com 10% de esterco fresco de vaca em vez de inóculo bacteriano. O terceiro conjunto (controlo) foi mantido apenas plantando as sementes em solo esterilizado, mas sem inóculo bacteriano ou excremento de vaca. Duas plântulas foram autorizadas a crescer em cada PB. A experiência foi colocada num bloco completamente aleatorizado com quatro réplicas cada uma para controlo, esterco de vaca e *B. subtilis* - solos tratados. Após 20 dias de emergência das plântulas, amostras de solo em rizosfera e não rizosfera foram colhidas dos três conjuntos por procedimento padrão (Tarafdar *et al.,* 1992) e ensaiadas para actividade de fosfatase e concentração de fosfato foram realizadas como descrito na secção 3.4.4. e 3.4.5, respectivamente. A altura da planta e a biomassa da planta foram também examinadas.

3.4.1.4. Análise estatística

Os dados da fosfatase e do P disponível foram analisados utilizando a ANOVA unidireccional. O teste de comparação da Diferença Menos Significativa de Fisher (LSD) foi aplicado para comparar a diferença média de nível onde a ANOVA mostrou uma variação significativa ($p < 0,05$). A análise foi realizada utilizando TMTAT-C (Versão 2.0, Michigan State University, Michigan, EUA).

3.4.1.5. Ensaio de fosfatase

3.4.1.5.1. Reagentes

1. Tolueno
2. Solução tampão universal modificada (MUB) de reserva: Tris (hidroximetil) amino metano (12,1 g), ácido 11,6gmálico, 14,0 g de ácido cítrico e 6,3 g de ácido bórico foram dissolvidos em 488 ml de hidróxido de sódio IN e a solução foi diluída a 1 1 1 com água destilada. A solução foi armazenada em frigorífico a 4°C.
3. Tampão universal modificado (MUB), pH 6,5 e 11,0: a solução de reserva de MUB (200 ml) foi colocada em copo de 500 ml. O pH da solução foi ajustado a 6,5 com 0,1 N HCl e finalmente o volume foi ajustado a 1 1 1 com água destilada. Outra solução de reserva de 200 ml de MUB em que o pH foi ajustado para 11,0 com 0,1 N NaOH e finalmente o volume da solução foi ajustado para 1 1 1 com água destilada.
4. solução de p-nitrofenil fosfato 0,025 M: O p-nitrofenil fosfato dissódico tetra-hidratado (0,420 g) foi dissolvido em 40 ml de MUB com pH 6,5 (para ensaio de fosfatase ácida) ou

pH 11,0 (para ensaio de fosfatase alcalina) e diluído a 50 ml com MUB do mesmo pH.

5. Cloreto de cálcio (CaCl2) Solução 0,5 M

6. Solução 0,5 M de hidróxido de sódio (NaOH)

7. Solução padrão de p-nitrofenol: o p-nigrofenol (1 g) foi dissolvido em cerca de 70 ml de água destilada e diluído a 1 1 1 com água destilada. A solução foi armazenada num frigorífico.

3.4.1.5.2. Método

Sobrenadante de cultura sem células bacterianas (1 ml) ou amostras de solo (1 g) misturado com 4 ml de tampão universal modificado (MUB) e 1 ml de p-nitrofenil fosfato dissódico tetra-hidratado (PNP) de 0,025 mm foi incubado a 37°C para Ih. Uma gota de tolune foi adicionada para parar o crescimento microbiano. MUB com pH de 6,5 e 11,0 foram utilizados para a determinação de fosfato ácido e fosfatase alcalina, respectivamente. Após incubação, a mistura de reacção foi interrompida pela adição de 4 ml de NaOH 0,5 M e 1 ml de CaCl2 0,5 M. O conteúdo foi filtrado através do papel de filtro Whatman No. 42. A concentração de p-nitrofenol foi determinada através da medição da absorvância a 420 nm usando o espectrofotómetro UV- Vis e extrapolou-se o valor na curva padrão determinada usando uma solução serialmente diluída de padrões de p-nitrofenol.

A actividade da fosfatase foi definida como a quantidade de enzima necessária para libertar uma unidade de 1 pinole />-nitrofenol/min/ml de PNP dissódico sob a condição de ensaio. Para o solo, as unidades de actividade enzimática foram calculadas como Unidades/G de solo seco.

O controlo foi realizado com cada amostra (solo e sobrenadante livre de bactérias) analisada para permitir uma cor não derivada do p-nitrofenol libertado pela actividade da fosfatase. Para realizar os controlos, foi seguido o procedimento da amostra para o ensaio de fosfato, excepto a adição de um ml de PNP dissódico após a adição de 4 ml de NaOH 0,5 M e 1 ml de CaCF 0,05 M (ou seja, imediatamente antes da filtração por mistura de reacção).

3.4.1.6. Estimativa de fosfatos

3.4.1.6.1. Reagentes

1. O reagente de Olsen: O bicarbonato de sódio livre de P (42 g) foi adicionado a 500 ml de água destilada quente e diluído a 1 1. com água destilada.

   O pH da solução foi ajustado para 8,5 utilizando 0,1 N NaOH ou HCl.

2. Solução de tetrahidrato de molibdato: O molibalato de amónio (12 g) foi dissolvido em 250 ml de água destilada para obter a solução 'A'. Solução 'B' foi preparado dissolvendo 0,291 g de tartarato de potássio antimónio em 100 ml de água destilada. A solução A e B foram adicionados a um litro de 5 N H2SO4 e finalmente o volume da solução de mistura foi feito até 21. com água destilada.

3.   Solução de ácido ascórbico: 1,056 g de ácido ascórbico foi dissolvido em 200 ml de solução de tartarato de molibdato e a solução foi devidamente misturada. A solução tem de ser preparada quando necessário.

3.4.1.6.2. Método

O fosfato foi determinado pelo método do ácido ascórbico de Watanabe e Olsen (1965). Um ml de sobrenadante de solo límpido e incolor ou 1 ml de filtrado de cultura bacteriana foi misturado com 4 ml de solução de ácido ascórbico e o volume final da mistura de reacção foi feito a 25 ml. Após 10 min. de incubação à temperatura ambiente, a intensidade da cor azul foi medida a 730 nm contra uma solução em branco (reagente de Olsen) utilizando o espectrofotómetro UV- Vis (Modelo No. CE 7250, Ceciel Instrument UK). A absorvência (nm) foi extrapolada numa curva padrão determinada usando uma solução padrão P (KH_2PO_4) diluída em série. O fosfato foi expresso em pg/g de solo.

3.4.2. Produção de ácido acético Indole-3 por *B. subtilis* em meio líquido 3.4.2.1. Peneiramento de estirpes de *B. subtilis* para produção de IAA

Todas as cinco estirpes de *B. subtilis* foram avaliadas para a produção de IAA (Bentley, 1962) através da inoculação de 1 ml de cada suspensão de células (Ixl06 CFU/ml) em caldo de nutrientes (NB) (50ml) tomado em frascos de Erlenmeyer de 250 ml. L - triptofano foi adicionado a 100 mg /1 NB a metade (n = três) dos frascos e os outros três frascos foram mantidos sem L - triptofano. Os frascos foram incubados durante 8 dias a 30° C, sendo agitados a 120 rpm num agitador de incubadora e os filtrados de cultura foram analisados para produção de IAA, tal como descrito na última secção 3.4.2.4.

3.4.2.2. Efeito da concentração de IMryptophan na produção de IAA

Foram utilizadas nesta experiência as estirpes CM4 e CM5 de *B. subtilis*. Um ml de cada suspensão de células bacterianas (1 x 10^6 UFC / ml) foi inoculado em 250 ml de Erlenmeyer [em triplicado, (n)] contendo 50 ml de NB e suplementado com L - triptofano (0 - 2 g /1, n = três). Os frascos foram mantidos agitados a 120 rpm a 30°C num agitador de incubadora e os filtrados de cultura foram analisados para concentração de IAA no final do período de incubação de 8 dias. O crescimento das estirpes de *B. subtilis* foi determinado medindo a densidade óptica do meio de crescimento a 600 nm num Espectrofotómetro UV-Vis (Modelo No. 302, Cecil Instrument, U.K.).

3.4.2.3. Efeito do período de incubação na produção do IAA

O efeito do período de incubação (2-10 dias) foi estudado em Caldo de Nutriente contendo 1 g / 1 L - triptofano. As condições experimentais foram as mesmas que na experiência anterior.

3.4.2.4. Extracção e estimativa de hormonas de crescimento de plantas

3.4.2.4.1. Reagentes

1. Acetato de etilo
2. Isopopanol
3. Hidróxido de amónio
4. p-dimetil aminobenzildeído
5. 70% de ácido perclórico
6. Acetona
7. Placas de gel de Sihca

3.4.2.4.2. Método

Depois de centrifugadas a (8000 g durante 20 min) as células bacterianas foram extraídas três vezes adicionando a mesma quantidade de acetato de etilo após ajuste de pH para 2,5 com IN HCl (Hansan, 2002). As fracções extraídas foram misturadas e reduzidas a 2 ml por evaporação a 45° C utilizando um Evaporador a Vácuo Rotativo (Modelo No. 102, Strike, Itália). Os extractos concentrados foram re-dissolvidos em acetona antes da cromatografia de camada fina (TLC). A TLC foi realizada utilizando placas de gel de sihca de 0,5 mm de espessura e o solvente utilizado foi uma mistura de isopopopanol, hidróxido de amónio e água (10:1:1,v/v/v) para separar as hormonas de crescimento das plantas (IAA e GA3). O IAA foi detectado em placas de TLC por pulverização com reagente Ehrlich (10% p-dimetil aminobenzildeído em 70% ácido perclórico) que resultou no desenvolvimento da cor rosa visualizada sob direito normal (Bentley, 1962). Para detectar o GA3, os extractos foram espalhados nos locais utilizando ácido sulfúrico etanolico (90:10, v/v) e aquecidos para induzir fluorescência dos compostos à luz ultravioleta (MacMilan e Suter, 1963). Os pontos identificados para os reguladores de crescimento na placa TLC foram eluídos em metanol. A absorção de cor para IAA foi medida a 565 nm utilizando o espectrofotómetro UV-Vis (Modelo n° 302, Cecil Instrument, Reino Unido). O conteúdo de IAA foi medido a partir de uma curva padrão preparada com uma concentração conhecida de IAA e expressa em mg/l. O fluxograma para extracção e bioensaio dos reguladores de crescimento de cultura bacteriana é apresentado na Figura 3.1.

3.4.2.4.3. Efeito da *B.* cultura *subtilis* e do esterco de vaca na germinação de miniesets de inhame

Tubérculos de inhame saudáveis e isentos de doenças colhidos no prazo de 20 - 30 dias foram colhidos na quinta do Centro Regional do Instituto Central de Investigação das Culturas Tuberosas, Bhubaneswar durante o mês de Março de 2006 (temperatura diurna, 30 ± 2°C e temperatura nocturna, 24 ±

2° C). Os tubérculos foram lavados sob água corrente da torneira e a sua superfície foi esterilizada durante 10 minutos em 1% NaOCl seguido de um passo de lavagem com água esterilizada. Os tubérculos foram secos em condições de laboratório (temperatura ambiente, 30 ± 2°C; humidade relativa, 70 - 80 %). Os tubérculos foram cortados em cubos (minúsculos) de tamanhos aproximados de 5x6x8 cm3, pesando entre 130 - 150 g cada. Os minietots de inhame foram mergulhados em *B. subtilis* (CM4 e CM5) suspensões de cultura separadamente (8xl09 CFU /ml) durante 2 h e depois plantados 5 cm abaixo da areia, e mantidos durante 15 dias em condições de laboratório. O estrume de vaca foi infundido em água (1:1, p/v), e homogeneizado por agitação durante 2h a 120 rpm. Os miniconjuntos de inhame preparados como acima foram mergulhados em estrume de vaca durante 2h e depois plantados no leito de areia durante 15 dias. Os miniesets sem qualquer tratamento (bacteriano ou esterco de vaca) serviram de controlo nesta experiência. Seis réplicas foram mantidas para controlo, bem como para cada tratamento, e os dados médios com desvios padrão foram calculados para o número de brotações, comprimento da raiz e do rebento, peso fresco da raiz e do rebento, peso seco da raiz e do rebento e raiz: razão de rebento por miniete.

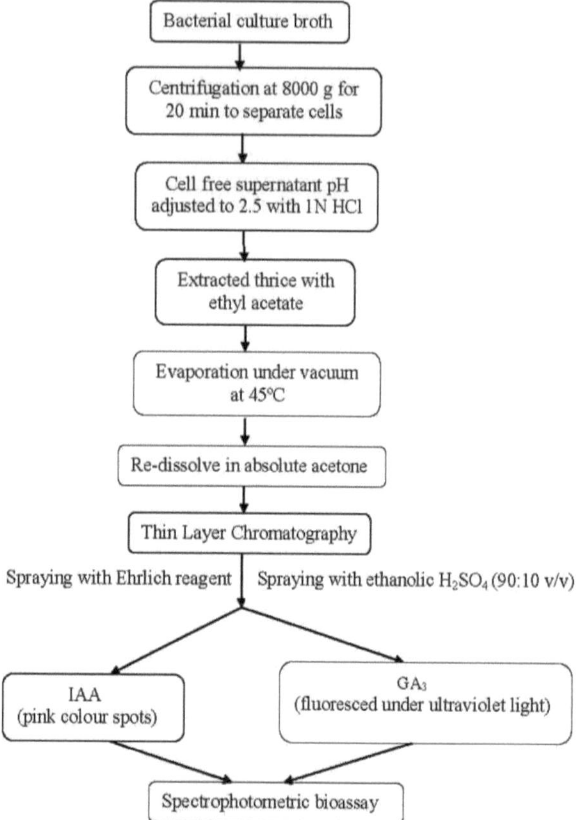

Figura 3.1. Procedimento utilizado para extracção e bioensaio de reguladores de crescimento (IAA e GA3) a partir de culturas bacterianas

3.4.3. Fermentação em estado sólido de resíduos fibrosos de mandioca (CFR) para produção de ácido acético indole-3 por *B. subtilis* CM5

3.4.3. 1. CFR

O CFR (bagaço) foi utilizado como substrato sólido [suporte e fonte de nutrientes (excepto azoto)] para SSF. O CFR foi recolhido durante a extracção do amido da mandioca utilizando a planta móvel de extracção de amido desenvolvida pela C.T.C.R.I., Tiruvanathapuram. Devido ao seu elevado teor de água (> 80%), o resíduo foi desidratado, seco ao sol durante 6-8 dias e depois seco ao forno a 80°C durante 24h para evitar a deterioração microbiana. O CFR foi armazenado num recipiente hermético até ser necessário. A composição química do CFR é apresentada no Quadro 3.1.

3.4.3. 2. Concepção experimental para produção de IAA utilizando o CFR como substrato de estado sólido

O CFR (20g) tomado em garrafas Roux (142 mm x 275 mm), foi humidificado com 27 ml de água destilada contendo 1% de peptona (como fonte N) para fornecer 70% de capacidade de retenção de humidade (MHC) e misturado cuidadosamente. As garrafas foram autoclavadas a 15lb de pressão durante 15 minutos. Após a autoclavagem, as garrafas foram retiradas e arrefecidas à temperatura ambiente, $30\pm2°C$ e inoculadas com 10% (p/v) de inóculo (lx 10" CFU /ml). Em seguida, os substratos inoculados foram incubados em condições estáticas a 30°C durante 10 dias numa incubadora. Foram mantidos recipientes triplicados (n = 3) para cada tratamento. O conteúdo do frasco era misturado periodicamente por batimento suave. O conteúdo de IAA foi determinado conforme descrito na secção 3.4.2.4.

3.4.3.2. Optimização do período de incubação, pH médio inicial e MHC através da aplicação da MSE

A caracterização de diferentes factores para a produção de IAA foi optimizada através da aplicação da RSM. O modelo estatístico foi obtido utilizando Central Composite Design (CCD) com três variáveis independentes [período de incubação (A), pH médio inicial (B) e MHC (C)]. Cada factor neste desenho foi estudado a cinco níveis diferentes (Quadro 3.2.). Foi realizado um conjunto de 20 experiências. Todas as variáveis foram tomadas com um valor codificado central considerado como zero. Foram utilizados os intervalos mínimo e máximo das variáveis e o plano experimental completo no que diz respeito aos seus valores na forma codificada. Após a conclusão das experiências, a média da produção de IAA foi tomada como a variável ou resposta dependente.

Quadro 3.1. Componentes bioquímicos do resíduo fibroso da mandioca

Constituintes	CFR (g/lOOg resíduos secos)
Humidade	11.2
Amido	63.0
Fibra bruta	10.8
Proteína bruta	0.88
Açúcares redutores gratuitos	1.45
Ácido cianídrico	0.008
Cinzas totais	1.2

Quadro 3.2. Gama dos valores para a metodologia da superfície de resposta

Variáveis independentes	Níveis				
	$-a$	-1	0	+1	+a
Período de incubação (Dias)	-0.727171	2	6	10	12.7272
pH médio inicial	3.63641	5	7	9	141.12
Capacidade de retenção de humidade (%)	26.3641	40	60	80	93.6359

3.4.3.3. Análise estatística e modelação

Os dados obtidos da RSM sobre a produção do IAA foram submetidos à análise de variância (ANOVA). Os resultados da RSM foram utilizados para encaixar uma equação polinomial de segunda ordem (1), uma vez que representa o comportamento de tal sistema de forma mais apropriada.

$$Y= p0+ PiA+ p2\ B + p3\ C + pip!\ ^{A2} + p2p2B2 + p3p3C2 + p\phi2\ AB + p\phi3\ AC + p2\ p3BC$$

(1)

Onde Y era variável de resposta, p0 era intercepção, pi p2, e p3 eram coeficientes lineares, Pi, i, p2,2 e p3. 3 eram coeficientes quadráticos, Pi,2, Pi,3 e p2,3 eram coeficientes de interacção e A B, C, A2, B2, C2, AB, AC e BC eram níveis de variáveis independentes. O significado estatístico da equação do modelo foi determinado pelo valor do teste de Fisher, e a produção da variância explicada pelo modelo foi dada pelo coeficiente múltiplo de determinação, R ao quadrado (R2). Especialista em desenho (ver, 7.1; STATEASE INC; Minneapolis, MN, EUA) foi utilizado nesta investigação.

3.4.3.4. Efeito do período de incubação na produção do IAA

O efeito do período de incubação (2-10 dias) foi estudado através da incubação da estirpe *B. subtilis* CM5 na CFR. As condições experimentais foram as mesmas que a experiência anterior. No intervalo de dois dias, as garrafas (n = 3) foram retiradas para a estimativa IAA.

3.4.3.5. Efeito do MHC e do pH médio inicial na produção de IAA

Os efeitos do MHC e do pH médio inicial foram estudados em SSF através da avaliação de *B. subtilis* CM 5 a diferentes níveis de humidade (40 - 80 %) e pH médio inicial (5,0-9,0), mantidos pela adição de 0,01 N HC1 ou 0,01 N NaOH. Todos os parâmetros foram estudados em experiências separadas e as amostras foram incubadas a 30°C durante 6 dias. Após a incubação, as garrafas (n = 3) foram recolhidas para a estimativa de IAA.

3.4.3.6. Extracção e estimativa de hormonas de crescimento de plantas

Para estimar o conteúdo IAA, foram adicionados 100 ml de água destilada a cada garrafa contendo 20g de CFR (5:1, v/w) e a mistura (CFR e água) foi homogeneizada minuciosamente a 200 rpm durante 30 min num agitador. O homogeneizado foi filtrado através de um pano de algodão com queijo e centrifugado a 5000 g durante 20 min. O procedimento foi seguido para a estimativa IAA, conforme descrito na secção 3.4.2.4. A produção de IAA é expressa em pg/gds (grama de substrato seco).

3.4.3.7. Determinação da humidade do CFR

O teor de humidade do CFR foi analisado por um analisador Mettler LP16 Infra -

Red.

3.5.1. Produção de a-Amilase por *B. subtilis* em fermentação submersa 3.5.1.1. Rastreio de *B. subtilis para* produção de a-amilase

Todas as estirpes bacterianas seleccionadas (CM1-CM5) foram inoculadas em meio basal (BM), [g/1 (água destilada)]:

Amido solúvel	-	10.00
Extracto de levedura	-	2.00
Peptone	-	5.00
MgSO4	-	0.50
CaCl2	-	0.15
NaCl	-	0.50
Ágar	-	15.00

e pH ajustado a 7,0 e incubado durante 48 h e depois disso a solução de iodo (KF0,1 N) foi espalhada na placa de cultura para estudar a actividade da amilase (Das *et al.,* 2004). As zonas de halo [áreas que eram transparentes (não ficaram azuis após adição de solução de iodo devido à utilização de amido pelos isolados bacterianos)] eram indicação da actividade da amilase.

3.5.1.2. Produção de a-amilase

A produção de a-amilase a partir de estirpes de *B. subtilis* CM3 foi realizada num caldo de BM. O meio (100 ml tomados em Erlenmeyer de 250 ml) foi inoculado com 2% (1*106 CFU/ml) de cultura de sementes 24h e incubado com agitação (150 rpm) de cultura de sementes 24h (preparado em caldo BM) e incubado com agitação (150 rpm) e 50 °C durante 36 h num agitador orbital - incubadora .

3.5.1.2.1. Fonte de carbono

Foram utilizadas diferentes fontes de carbono (1%) para a optimização dos factores nutricionais. As várias fontes de carbono testadas foram amido de batata solúvel, amido de batata doce, amido de mandioca, farinha de trigo, glucose, frutose, maltose, lactose e sacarose. Foram também utilizados diferentes níveis de amido solúvel (0,5 - 0,3 %).

3.5.1.2.2. Fontes de nitrogénio

As fontes de azoto (1%) testadas para produções de amilase foram: extracto de levedura, peptona, extractos de malte, caseína, asfragin, glicina, extracto de bovino, cloreto de amónio, sulfato de amónio, ureia e acetato de amónio. Foram também experimentadas diferentes reacções de concentração de extracto de levedura (0,25 - 3%), acetato de amónio (0,25 - 3%).

3.5.1.2.3. Surfactantes

Foi estudado o efeito de diferentes tensioactivos (0,02 %), Tween 20, Tween 40, Tween 80 e sulfato de laurilo de sódio na actividade da amilase.

3.5.1.2.4. Concentração Ca2+

Do mesmo modo, o efeito dos iões Ca2+ (10-40 mM) também foi testado.

Todas as experiências foram realizadas em triplicado e os dados médios com desvios padrão ($\pm$) foram calculados. No final do período de incubação (36h) para todas as experiências (excepto a experiência em que o período de incubação foi estudado), o sobrenadante enzimático livre de células foi obtido por centrifugação a 8000 g durante 15 min. a 4°C.

3.5.1.2.5. Estabilidade enzimática

A estabilidade enzimática a várias temperaturas e pH também foi estudada incubando sobrenadantes livres de células a diferentes temperaturas (40 - 90°C) e tampão de ensaio pH (4,0 - 10,0). O pH de 4,0 - 5,0 foi mantido com tampão de acetato (0,2 M) enquanto que o pH de 6,0 - 8 ,0 e 9,0 - 10,0 foi alcançado com fosfato (0,1 M).

amortecedor e bórax- Na OH (0,05 M) amortecedores, respectivamente.

3.5.1.2.6. Parâmetros físicos (período de incubação, pH e temperatura)

Os parâmetros físicos, ou seja, período de incubação (12-72 h), pH do meio (5,0 -9,0) e temperatura de incubação (30-70°C) foram testados para a produção de a- amilase.

3.5.1.3. Produção de amilase em laboratório - fermentador à escala laboratorial

8. *subtilis* CM3 foi também cultivado num fermentador de 21 fermentadores (Modelo Biostat B, B. Braun, Alemanha) com um volume de trabalho de 11 (Recipiente de Jarro de Vidro)

contendo meio de produção de a-amilase (pH,7,0) a 60°C e 150 rev/ min. O nível de aeração foi mencionado a Iv/v/m (volume de ar / volume unitário do meio / unidade). A produção enzimática e o crescimento do organismo foram comparados com culturas de shakeflask incubadas a 60°C e 150 rev/min numa incubadora de agitador orbital.

3.5.1.4. *B.* Crescimento de *subtilis*

O crescimento da estirpe *B. subtilis* CM3 foi determinado pela medição da densidade óptica do meio de crescimento a 600 nm num espectrofotómetro UV-Vis (Cecil, UK).

3.5.1.5. *a-* ensaio de amilase

3.5.1.5.1. Reagentes

1. Tampão fosfato , 0,1 M , pH 6,0:

   Solução A: O KH2PO4 (13,61 g) foi dissolvido em 100 ml de água destilada para preparação de solução de KH2PO4 0,1 M.

   Solução B: Na2HPO4 (1.420 g) foi dissolvido em 100 ml de água destilada para a preparação de solução de Na2HPO4 0,1 M.

   O tampão fosfato pH 6,8 foi alcançado misturando 88,9 ml de solução A e 11,1 ml de solução B.

2. Solução de iodeto de potássio: KI (2 g) foi dissolvido em 100 ml de água bidestilada e depois 0,2 g de iodo foi dissolvido em solução KI à temperatura ambiente. A solução foi armazenada a 4°C numa garrafa castanha.

3. Solução de amido: Amido (200 mg) foi adicionado a 40 ml de tampão de ensaio, aquecendo suavemente e depois perfazendo até ao volume de 100 ml com o mesmo tampão.

4. EM HCl: O HCl concentrado (11,5 ml) foi dissolvido em 88,5 ml de água destilada.

3.5.1.5.2. Método de ensaio

O ensaio da amilase foi baseado na redução da intensidade da cor azul resultante da hidrólise enzimática do amido (Palanivelu, 2001). A mistura de reacção consistiu em 0,2 ml de enzima (sobrenadante livre de células), 0,25 ml de solução 0,1% de amido solúvel e 0,5 ml de tampão fosfato (0,1 M, pH 6,8) incubado a 50°C durante 10 min. A reacção foi interrompida pela adição de 0,25 ml de HCl 0,1 N e a cor foi desenvolvida pela adição de 0,25 ml de solução I/KI (2% KI em 0,2% I). A densidade óptica (DO) da solução da cor azul foi determinada utilizando um espectrofotómetro

UV- Vis (Cecil Instrument, UK) a 690 nm. Uma unidade de actividade enzimática foi definida como a quantidade de enzima que causou uma redução de 0,01% da intensidade da cor azul da solução de iodo de amido a 50°C num minuto por ml (Palanivelu, 2001). A actividade e estabilidade óptimas da enzima parcialmente purificada (descrita na secção seguinte) a vários valores de pH (5,0 - 10,0) e temperatura (40 - 80°C) foram também estudadas.

3.5.1.6. Purificação da a- amilase

3.5.1.6.1. Reagentes

1. Sulfato de amónio
2. DEAE (dietilamino etano) celulose
3. NaCl
4. Tampão fosfato 0,1 M, pH 6,0
5. Membrana de diálise

3.5.1.6.2. Método de purificação

a-Amilase foi parcialmente purificada por fraccionamento de sulfato de amónio seguido por diálise e cromatografia de filtração em gel. Um total de 100 ml de filtrado de cultura bacteriana foi centrifugado a 8.000 g durante 20 min a 4°C para remover as células. O sobrenadante foi levado a 50% de saturação de sulfato de amónio a 4°C num banho de gelo. A proteína precipitada foi recolhida por centrifugação a 8.000 g a 4°C e dissolvida num volume mínimo de tampão fosfato (0,1M; pH, 6,0). A solução enzimática foi dialisada a 4°C contra o mesmo tampão durante 24h a 4°C com agitação contínua e alterações ocasionais do tampão. O dialisado foi concentrado através de um evaporador rotativo a 50°C e aplicado no topo da coluna de celulose DEAE a um caudal de 0,6ml/min com 200ml de gradiente linear de NaCl (0 a 1,0M). Foram recolhidas fracções de 10 ml e cada fracção foi analisada para proteínas e a-amilase. As fracções activas foram agrupadas e concentradas através de um evaporador rotativo a 50°C. A solução enzimática concentrada final foi tomada para electroforese de SDS-PAGE. Foi estudada a actividade e estabilidade óptimas da enzima parcialmente purificada a vários pHs (5,0-10,0) e temperaturas (40 - 80°C).

3.5.1.7. Electroforese e determinação da massa molecular

SDS - PAGE foi realizada por procedimento semelhante ao descrito na secção 3.3.7.11.

3.5.2. produção de a-Amilase por *B. subtilis* CM3 em fermentação no estado sólido

3.5.2.2. Optimização do período de incubação, pH médio inicial, MHC e temperatura através da aplicação da metodologia de superfície de resposta (RSM)

O procedimento de optimização da produção de ct-amilase por *B. subtilis* CM3 foi semelhante ao descrito anteriormente (Secção 3.4.3.3.), excepto que a temperatura de incubação (20 - 60°C) foi tomada como a quarta variável. Os outros parâmetros, isto é, pH (5,0 - 9,0), MHC (40 - 80) e período de incubação (h) foram optimizados como foi atribuído na secção anterior 3.4.3.5. e 3.4.3.6. Foi realizado um conjunto de 30 experiências. Os valores óptimos de todas as variáveis foram tomados num valor codificado central considerado como zero (Tabela 3.3.).

3.5.2.3. Análise estatística e modelação

Os dados obtidos da RSM sobre a produção de a-amilase foram submetidos à análise de variância (ANOVA). Os resultados da MSE foram utilizados para encaixar uma equação polinomial de segunda ordem (1) uma vez que representa o comportamento de tal sistema de forma mais apropriada.

$Y = po + piA + p2\ B + p3\ C + p4D + pipi^{A2} + p2p2B2 + p3p3C2 + p4p4D2 + pip2\ AB + pip3\ AC + p2p3BC + pip4AD + p2p4BD + p3p4CD$ (1) Onde Y é variável de resposta, p0 é intercepção, pi, p2 p3, e p4 são coeficientes lineares, Pi,i, $p2._2$, $p3,_3$ e p4 $_4$ são coeficientes quadráticos, $Pi,_2$, $Pi,_3$, $p2,_3$, $Pi,4$, $p2,4$, e p34 são coeficientes de interacção e A, B, C, D, A2, B2, C2, D2, AB, AC, BC, AD, BD e CD são níveis de variáveis independentes. O significado estatístico da equação do modelo foi determinado pelo valor do teste de Fisher, e a produção da variância explicada pelo modelo foi dada pelo coeficiente múltiplo de

determinação, valor R ao quadrado (R2). Especialista em design (ver, 7.1; STATEASE INC; Minneapolis, MN, U SA) foi utilizada nesta investigação.

Quadro 3.3. Gama dos valores para a metodologia da superfície de resposta

	Níveis				
Variáveis independentes	*-a*	-1	0	+1	+a
Período de incubação (Dias)	*-2*	2	*6*	10	14
pH médio inicial	*3*	5	*7*	9	11
Capacidade de retenção de humidade (%)	20	40	*60*	80	100
Temperatura (°C)	0	20	40	60	80

3.5.3. *a*- Ensaio de amilase

3.5.3.2. Extracção enzimática

Após a conclusão de uma experiência, o CFR fermentado foi misturado com 25 ml de água destilada [1:2 (CFR: água)] e espremido através de pano de algodão de queijo húmido. O extracto enzimático combinado foi centrifugado a 8000 g durante 20 minutos numa centrifugadora refrigerada (Remi Índia, Pvt. Ltd., Bombaim, Índia) e o sobrenadante limpo (volume composto até 25 ml) foi utilizado para o ensaio enzimático.

Reagentes e métodos de ensaio para a-amilase foram os mesmos descritos na secção 3.5.1.5.1. e 3.5.1.5.2, respectivamente. a Produção de a-Amilase é expressa na forma Unidades (U)/ gds (grama substrato seco).

3.6.1. Produção de o-poly galacturonase (PG) por *B. subtilis* CM5 em fermentação submersa

3.6.1.1. Produção de exo-PG

A produção de exo-PG de *B. subtilis* CM5 foi realizada em meio basal com a seguinte composição [g/1 (água destilada)]:

Pectic pure-5	.0
Peptone-3	.0
K2HPO4-0	.6
KH2PO4-0	.2

MgSO4 7H2O -0   .1

O pH foi ajustado a 7,0 antes da autoclavagem. O meio (100 ml tomados em Erlenmeyer de

250 ml) foi inoculado com 2% (1x 10^6 UFC/ml) de cultura de sementes de *B. subtilis* 24 h e

incubado com agitação (150 rpm) a 50°C durante 36h numa incubadora de agitação orbital.

3.6.1.1.1. Fontes de nitrogénio

Diferentes fontes de azoto (1%) testadas para a produção de exo-PG foram: extracto de

levedura, peptona, extracto de carne de bovino, caseína, $(NH4)_{2SO4}$, NH4 COOCH3, NH4C1 e ureia.

3.6.1.1.2. Parâmetros físicos (período de incubação, pH e temperatura)

Os parâmetros físicos, ou seja, período de incubação (12 - 72 h), pH do meio (5,0 -

9,0) e temperatura de incubação (30 - 70°C) foram testados para a produção de exo- PG.

3.6.1.1.3. Estabilidade enzimática

A estabilidade enzimática a várias temperaturas e pH foi estudada incubando

sobrenadante livre de células durante 30 min a diferentes temperaturas (30 - 70°C) mantida

a pH 7,0 e o pH tampão de ensaio (5,0 - 9,0) mantido a 50°C. O pH 5,0 foi mantido com

tampão de acetato (0,2 M) e pH de 6,0, 7,0, 8,0 e 9,0 foram preparados com tampão fosfato

(0,1M) e tampão bórax-Na OH (0,05 M), respectivamente.

3.6.1.2. Produção de Exo-PG em fermentadores à escala laboratorial

B. subtilis CM 5 foi também cultivada num 2 l fermentador igual ao descrito anteriormente

na secção 3.5.1.3.

3.6.1.2.1. Ensaio Exo-PGReagentes

1. Tampão fosfato 0,1 M, pH 7,0

2. O reagente de Nelson

(a) Reagente A - Na2CO3 (anidro) 25 g, Na-K- tartarato 25g, NaHCO3 20g, Na2SO4 (anidro)
    200g foram adicionados a 1 1 1 de água destilada. O reagente foi armazenado durante a noite
    à temperatura ambiente, 30 ± 2°C antes de ser utilizado.

(b) Reagente B - CuSO4. H2O15g foi dissolvido em 100ml de água destilada. Depois foram
    adicionadas 1 a 2 gotas de H2 SO4 concentrado para preparar o reagente.

(c) Reagente C - Um ml de reagente B + 25 ml de reagente A. Este reagente foi preparado de fresco.

(d) Reagenteresnomolibdato - Vinte e cinco g de molibdato de amónio foi misturado com 450 ml de água destilada. A ele foram adicionados 21 ml de H2 SO4 concentrado e 0,3 g de arcinato de sódio que foi dissolvido em 25 ml de água destilada. Este reagente foi armazenado em frasco castanho e utilizado em 24h.

3. Tampão fosfato 0,1 M, pH 7,0

Solução A: [KH2PO4 (0,1 M)], 13,6 g de KH2PO4 foi dissolvido em 100 ml de água destilada.

Solução B: [Na2HPO4 (0,1 M)], 1.420 g de Na2HPO4 foi dissolvido em 100 ml de água destilada.

O pH tampão 7,0 foi alcançado misturando 41,2 ml de solução A e 58,7 ml de solução B.

3.6.1.2.2. Método

A produção de Exo-PG foi medida quantificando grupos redutores expressos em equivalentes de ácido D-galacturónico libertados durante a incubação de 0,4 ml de 0,1% (p/v) de pectina cítrica preparada em tampão fosfato 1 mM pH, 7,0 e 0,1 ml de sobrenadante de cultura a 50°C durante 30 min (Kapoor et al., 2000). Após 30 min de incubação a 50° C, a reacção foi interrompida pela adição de 1 ml de reagente de Nelson (Nelson, 1944). A mistura foi então aquecida a 100° C durante 20 min e 1 ml de reagente de arsino -molibdato foi adicionado à mistura para desenvolvimento da cor e a absorvância (Abs) foi medida a 520 nm. Uma unidade de exo-PG foi definida como a quantidade de enzima necessária para libertar 1 pmol de ácido D-galacturónico / min / ml de pectina cítrica na condição de ensaio, o teor de proteína do sobrenadante da cultura foi medido pelo método padrão Lowry (Mahadevan e Sridhar, 1998). A actividade enzimática específica foi calculada dividindo a actividade enzimática com o conteúdo proteico.

3.6.1.4. Purificação parcial de enzimas e electroforese

O método de purificação enzimática, electroforese e determinação da massa molecular foi o mesmo descrito nas secções anteriores 3.5.3.3 e 3.5.4.4.

3.6.1.5. Aplicação da enzima exo-PG

As raízes de cenoura limpas e frescas foram obtidas no mercado local, picadas e moídas até obterem polpa fina numa mistura - moedor de esperma (TTK Prestige Ltd., Bangalore, Índia). Polpa de 20 gramas foi misturada com 10 ml de água estéril e tratada com um volume fixo (0,5 ml) de exo-PG (sobrenadante de cultura sem células bacterianas; aproximadamente 2,5 unidades/g de polpa), ou pectinase comercializada, Pectinex® SMASH XXL (0,5 ml) (Novozyme, Dinamarca), misturada adequadamente e depois incubada à temperatura ambiente (30 ± 2°C) durante 8 h. A polpa de cenoura sem tratamento enzimático foi tomada como controlo. Após incubação, a polpa de cenoura tratada com enzimas e não tratada foi espremida por um pano de algodão de queijo para extracção de sumo e o volume do sumo extraído foi medido.

3.6.2. Produção de Exo-PG por *B. subtilis* CM5 em fermentação no estado sólido

3.6.2.1. Optimização do período de incubação, pH inicial do meio, MHC e temperatura através da aplicação da metodologia de superfície de resposta

A caracterização de diferentes variáveis (pH, temperatura, período de incubação e MHC) para a produção de exo-PG foi obtida através da aplicação de RSM. O modelo estatístico seguido nesta experiência foi o mesmo que o descrito na secção 3.5.2.1.

Capítulo-4

RESULTADOS E DISCUSSÃO

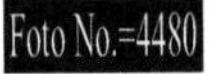

Capítulo 4. RESULTADOS E DISCUSSÃO

4.1. COW-DUNG

O esterco de vaca é basicamente o resíduo digerido de matéria herbívora que é agido por bactérias simbióticas que residem no rúmen do animal. Em geral, o esterco de vaca é uma mistura de estrume e urina na proporção de 3:1. O esterco fecal resultante é rico em fibra bruta, proteína bruta, celulose, hemicelulose e 24 tipos de minerais, incluindo Co, Mg, P, Mn, Cl, etc. (Nene, 1999).

4.2. MICROFLORA DE BOSTA DE VACA

A microflora do excremento de vaca é dada na **Tabela 4.1.** A partir deste estudo, verificou-se que o número de colónias de bactérias era superior ao das colónias fúngicas. Algumas das colónias bacterianas comummente identificadas foram *Bacillus, Corynebacterium, Lactobacillus, Lecuconostoc, Bifidobacterium* e cocci, ou seja, *Enterococcus, Streptococcus,* etc. Entre a população fúngica, os géneros predominantes eram *Aspergillus, Rhizopus, Trichoderma* e os restantes pertenciam a leveduras não identificadas e a outras espécies. Como o estrume de vaca envelheceu durante 6 e 12 meses, verificou-se que as populações bacterianas diminuíram em comparação com a população inicial, mas a população de fungos *Trichoderma* e actinomycetes aumentou durante o período correspondente. Estes resultados foram corroborados com as descobertas de Ware *et cd.* (1988). Muhmmad e Amusa (2003) relataram a presença de *Bacillus, Lactobacillus,* cocci e algumas leveduras estão presentes em excrementos de vaca mais velhos. A parte inferior do intestino da vaca contém vários microrganismos incluindo *Lactobacillus plantarum, Lb. casei, Lb. acediphylous, Bacillus subtilis* e *Enterococcous diacetylactis* (Ware *et cd.,* 1988). Para além destas, o rúmen da vaca contém várias espécies de *Bacillus* e *Bifidobacterium* e leveduras (geralmente *Saccharomyces cerevisiae)* para melhor fermentação ruminal (Kung, 2004, www.das.psu.edu/dairynutrition/documents/kung.pdf), que podem ser as

microflora inicial de esterco de vaca. Normalmente o esterco de vaca envelhecido é invadido com vários contaminantes do solo tais como bactérias, fungos, *Trichoderma* e actinomicetos (Muhammad e Amusa, 2003). olá alguns casos, a vaca é alimentada com ração misturada com a formulação de *Trichoderma* (para melhorar a actividade da celulase) para melhorar a utilização de alimentos fibrosos

(Beauchemin *et al.*, 1995; Beauchemin e Rode, 1996). Esta pode também ser a população inicial de *Trichoderma* em excremento de vaca.

Quadro 4.1. Carga microbiana [1x10s Unidade Formadora de Colónias (UFC)/g] de estrume de vaca fresco e envelhecido (CD) em placas de Petri (18 xlOO mm)

	Carga microbiana		
Tipos de micróbios	CD fresco	CD com seis meses	CD com um ano de idade
Bactérias	79.3 ±3.0	59.9 ±4.2	40.5±2.2
Trichoderma	1.5 ±0.5	3.0 ±0.0	8.2±0.3
Fungos para além de Trichoderma	4.6 ±0.4	5.5 ±0.3	5.5±1.2
Actinomycetes	2.0 ±0.0	8.0 ±0.7	16.0±1.4

O número de réplicas para cada tratamento é de 3

± Desvio padrão

Foram estudados os seguintes aspectos da microflora de excrementos de vaca

- A. Biocontrolo
- B. Promoção do crescimento
- C. Solubilização com fósforo
- D. Aplicação industrial

4.3. BIOCONTROLO CONTRA AGENTES PATOGÉNICOS DO INHAME

4.3.1. Podridão pós-colheita do inhame

O inhame (*Dioscorea* spp.) serve como alimento básico em muitos países tropicais e subtropicais do mundo (Coussey, 1967). Outras perdas pós-colheita de inhame devido à podridão microbiana representam 30 - 60% em tubérculos de inhame durante o armazenamento.

(Cousses, 1967; Ray et al., 2000). A partir de podridão pós-colheita de inhame, foi isolado e identificado um grande número de agentes patogénicos fúngicos (Ver Materiais e Métodos, Secção 3.2.) **(Quadro 4.2.).** Entre estes fungos, *Fusarium oxysporum* e *Botryodiplodia theobromae* foram os mais virulentos (Ray *et al.,* 2000; Naskar *et al.,* 2003). Estes dois fungos foram escolhidos como agentes patogénicos de teste para estudar o antagonismo por microrganismo isolado do estrume de vaca.

Quadro 4.2. Fungos e bactérias isolados de tubérculos de inhame estragados

Microrganismos isolados	Número de código IMT
Aspergillus awamori	2879
A. versicolor (Vuill) Tiraboschi	2936
Botryodiplodia theobromae Pat.	2892
Fusarium solani (Martins) Sacc.	2935
Pecicillum decumbens Thom.	2881
P. purpurognus stoll (isolado 1)	2877
P. purpurogenus Stoll (isolado 2)	2878
Rhizopus oryzae Went&Prins. Geerl.	2880
Erwinia sp.	-
Serratia sp.	-

IMT - Instituto de Tecnologia Microbiana, Chandigarh, Índia

4.3.2. Selecção das bactérias antagonistas mais eficazes

Cento e cinquenta isolados de bactérias e actinomicetos de excrementos de vaca foram submetidos a um rastreio para actividade antagonista. A selecção de bactérias antagonistas foi realizada de acordo com o método descrito. Entre estes isolados, cinco estirpes bacterianas antagonistas (CM1, CM2, CM3, CM4 e CM5) foram eficazes com base no diâmetro da zona de inibição (> 0,3 cm). Os resultados são apresentados na **Tabela 4.3.** Além disso, foi observado que embora todos os cinco isolados tenham produzido zonas de inibição contra os fungos de teste, apenas duas estirpes (CM1 e CM3) produziram zonas de inibição mais elevadas (> 1,0 cm). Outros estudos sobre a actividade antagonista foram realizados utilizando estas duas estirpes (CM1 e CM3).

Quadro 4.3. Zona de inibição produzida por estirpes bacterianas antagonistas contra *F. oxysporum* e *B. theobromae*

AntagonisticInhibition	zone (in cm)against	
estirpes bacterianas		
	F. oxysporumB	. theobromae
CM1	1.2T0.33	1.8T0.20
CM2	0.8T0.02	0.5T0.01
CM3	1.3T0.33	1.8T0.32
CM4	0.5T0.30	1.6=1=0. 16
CM 5	0.4 ±0.14	1.2=1=0.

O número de réplicas para cada tratamento é de 3

± Desvio padrão

4.3.3. Identificação sistemática de bactérias antagonistas acima isoladas

Os cinco micróbios seleccionados foram identificados como estirpes de *B. subtilis de acordo com a* base das suas propriedades morfológicas, fisiológicas e bioquímicas. De acordo com as propriedades morfológicas, as estirpes isoladas formaram colónias típicas enrugadas em PDA e vegetativas ou esporos foram encontradas em cultura líquida. Outros caracteres morfológicos das colónias foram: configuração-redonda, elevação-convexo e pigmento-creme. As características bioquímicas importantes foram: positiva na reacção de Gram, formação de endosporos e motilidade, e negativa em

Fluorescência UV. As estirpes bacterianas poderiam crescer a temperaturas de 25- 65°C, concentração de NaCl de 2,5-4,0% e pH 5,0-11,0 (Quadro 4.4.). Finalmente a identificação das bactérias como estirpes de *B. subtilis* foi confirmada com base na sequência de 16S rDNA (Chromous, Índia).

Quadro 4.4. Padrão de reacção no cartão de identificação *Bacillussubtilis*

Tratamento	CM1	CM2	CM3	CM4	CM5
Sacarose	+	+	+	+	+
Glucose	+	+	+	+	+
Galactose	+	+	+	+	+
Manitol	+	+	+	+	+
Maltose	+	+	+	+	+
7% NaCl	+	+	+	+	+
Amilopectina	+	+	+	+	+
Acetato de Sódio					

Padrão de reacção adicional sobre Gram - identificação positiva

	CM1	CM2	CM3	CM4	CM5
Peptone	+	+	+	+	+
Dextrose	+	+	+	+	+
Lactose	+	+	+	+	+
Hemicelulose	+	+	+	+	+

| Cellobiose | + | + | + | + | + |

<u>Ureia</u>
O número de réplicas para cada tratamento é de 3

N. B.:   - Reacção positiva ao ' tratamento'.
       Reacção negativa ao "tratamento

4.3.4. Análise aleatória de DNA polimórfico amplificado (RAPD) de Б. *Subtilis*

8. As estirpes *subtilis* (CM1 a CM 5) foram comparadas com as estirpes padrão *B. subtilis* (MTCC 441) por impressão digital RAPD usando um único iniciador (Figura 4.1.). A pista 1 representou o marcador padrão, as pistas 2 a 6 representaram as estirpes *B. subtilis* (CM1 a CM5) e a pista 7 representou a estirpe *B. subtilis* (MTCC 441). Os padrões de banda obtidos com RAPD eram todos diferentes, com excepção de uma única banda comum detectada a 4,0 kb. O resultado indicou que todos os isolados pertencem a estirpes de *B. subtilis* mas a nível genético eram diferentes uns dos outros, como se pode ver pela actividade de biocontrolo do estudo seguinte.

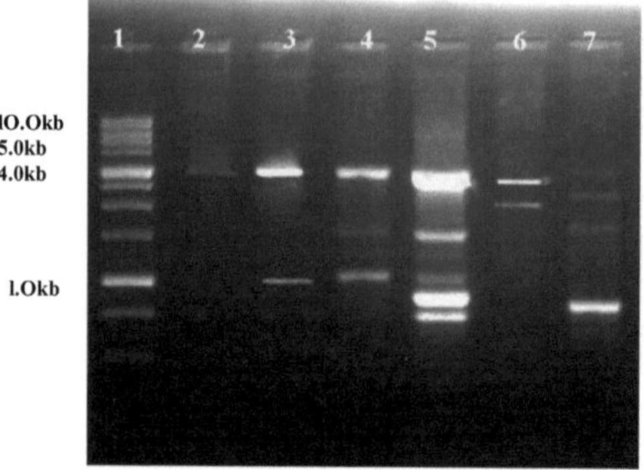

Figura 4.1. Impressão digital RAPD de ADN de estirpes de *B. subtilis* amplificadas com primer OPA 15. A partir da esquerda: Pista 1- marcadores de tamanho molecular (1 -10 kb escada), Pista 2- CM4, Pista 3- CM1, Pista 4- CMS, Pista 5- CM2, Pista 6- CM3 e Pista 7- tipo estirpe MTCC 441. Uma fotografia de gel foi digitalizada com um Scanner HP 800

4.4. ACTIVIDADE ANTAGÓNICA DE *B. SUBTILIS* CONTRA *F. OXYSPORUM E B. THEOBROMAE*

4.4.1. Método da placa de cultura dupla

Foi descrito na secção anterior 4.3.2 que CM1 e CM3 eram as duas bactérias antagonistas mais eficazes contra *F. oxysporum* e *B. theobromae*. O método da placa de cultura dupla foi seguido para estudar o mecanismo de antagonismo. **A Figura 4.2** mostra os resultados da actividade antagonista das estirpes CM1 e CM3 sobre o crescimento *(in vitro)* de *F. oxysporum*. A inibição, que se manteve estável durante 10 dias, só ocorreu após 48h de incubação como óbvio pela inibição dos micélios observados nas placas de nitrilo **(Figura 4.3.).** O crescimento de *F. oxysporum* em amostras de controlo foi de 2,5, 3,5, 4,5, 6,3 e 7,5 cm após 48, 72, 96, 120 e 144ft respectivamente. Além disso, no 6 * dia, o *F. oxysporum* foi inibido a 33,8% pela estirpe CM1 e 30,7% pela estirpe CM3 em comparação com o controlo. Além disso, a cor das placas de PDA mudou de branco pálido para vermelho rosado na zona antagónica, sugerindo secreção de metabolitos fúngicos no meio. No método das placas de dupla cultura, o atraso na inibição ocorreu pelas bactérias antagonistas contra *F. oxysporum,* foi provavelmente devido à produção tardia de metabólitos antifúngicos. O resultado corroborou com a descoberta de outros investigadores de que *B. subtilis* produz metabolitos antifúngicos como a subtilina, que pertence à família das iturinas, na fase tardia do crescimento (Loeffler *et al.,* 1990; Alippi e Mónaco, 1994; Melo, 1998; Montealegre *et al.,* 2003; Agarry *et al.,* 2005).

Em contraste, foi observado um mecanismo diferente de acção antagónica no caso de interacções entre as estirpes CM1 e CM3 com *B. theobromae*. Os resultados antagónicos são apresentados na **Figura 4.4** que indicava que as estirpes de *B. subtilis* não permitiram o crescimento do fungo de teste nas placas de ágar e dentro de 48h a estirpe bacteriana (CM1 e CM3) cobriu completamente toda a superfície das placas de ágar. *B. subtilis* inibiu completamente a *B. theobromae*, o que pode ser devido à competição por nutrientes e espaço em vez de inibição por antimicrobianos.

secreção. De acordo com Asak e Shoda (1996), *B. subtilis* pode também agir sobre fungos patogénicos, quer produzindo substâncias antifúngicas ou colonizando micróbios mais

rapidamente do que os fungos de superfície. Num outro estudo, a aplicação de *B. subtilis* suspensão de esporos na superfície do inhame substituiu completamente a podridão pós-colheita causadora de fungos como *B. theobromae, Fusarium moniliforme* e *Penicillium sclerotigenum* (Okigbo, 2002).

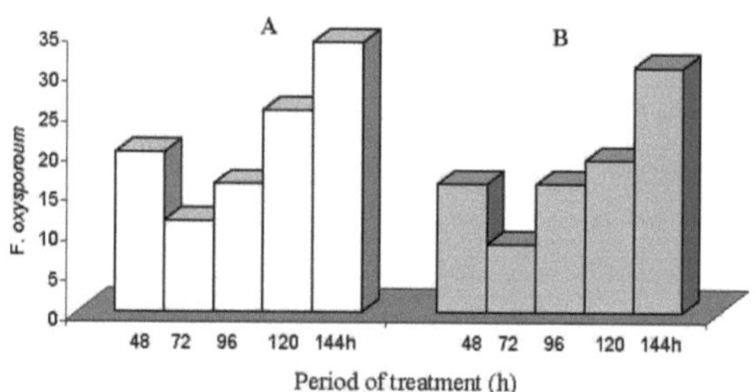

A(48h-144h): Tratamento CM 1+A *oxysporum*

B (48h-144h): Tratamento CM3+ *F. oxysporum*

Figura 4.2. Efeitos das estirpes de *B. subtilis* (CM1 e CM3) no crescimento radial de *F. oxysporum* em placas PDA (18x100 mm) A: CM1+ *F. oxysporum;* B: CM3 + *F. oxysporum*

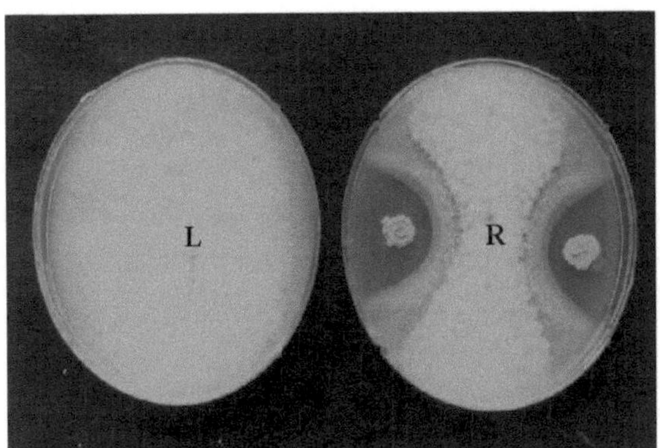

Figura 4.3. Actividade antagónica de *B. subtilis* **contra** *F. oxysporum;* **L - controlo (apenas**
F. oxysporum), **R-** *B. subtilis + F oxysporum*

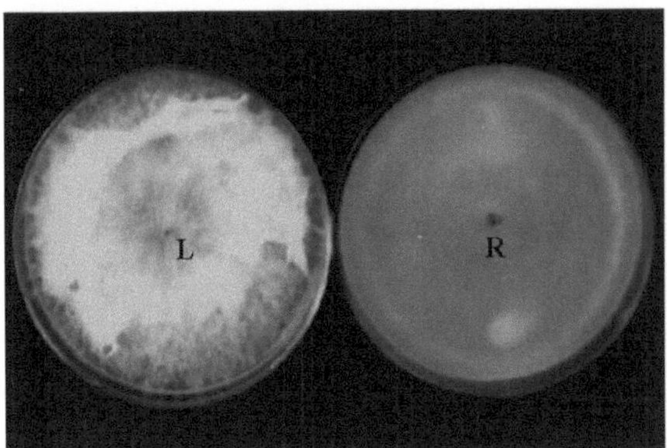

Figura 4.4. Actividade antagónica de *B. subtilis* **contra** *B. theobromae;* **L - controlo (** *B.*
theobromae), **R-** *B. subtilis + B. theobromae*

4.4.2.   Actividade antagónica de B. *subtilis* **em meio líquido**

O impacto de *B. subtilis* CM1 e CM3 no crescimento de *F. oxysporum* e *B. theobromae*

foi estudado em meio líquido (dextrose de batata) **(Quadro 4.5.).** Quando as estirpes de B. *subtilis*

(CM 1 e CM3) foram inoculadas juntamente com *F. oxysporum,* a inibição percentual situou-se

no intervalo de 49,3 - 56,6%. Resultados semelhantes foram obtidos com o estudo da interacção entre as estirpes de *B. theobromae* e *B. subtilis*. Isto pode ser devido à produção de enzimas extracelulares pelas estirpes de *B. subtilis*. É um fenómeno bem documentado que enzimas extracelulares por bactérias biocontroladoras estejam envolvidas na lise da parede celular de fungos fitopatogénicos (Nautiyal *et al.*, 2006). Entre *Bacillus* spp., *B. subtilis* e ocasionalmente, *B. megaterium, B. cereus, B. pumilus* e *B. poly mix a* foram estudados como agentes biocontroladores. *B. subtilis* também produz vários tipos de antibióticos, por exemplo, bacilomicina, iturina, bacidysina, fengymycin, e micobaccilina (Soda, 2000). Os resultados actuais apoiam a hipótese de que a produção de enzimas líticas como a quitinase, presumivelmente juntamente com metabohtes antimicrobianas, poderia estar envolvida na capacidade da CM1 e CM3 de inibir o crescimento de *F. oxysporum* e *B. theobromae*. Estas observações são semelhantes a outros estudos sobre a interacção de *B. subtilis* e agentes patogénicos fúngicos (Nautiyal, 2002; Nautiyal *et al.*, 2006).

4.4.3. Estudo de interacções por microscopia electrónica de varrimento

O exame microscópico leve de *F. oxysporum* e *B. theobromae* recolhidos após interacção com CM1 durante 12h mostrou que a maioria das hifas fúngicas perderam o seu conteúdo citoplasmático. As observações microscópicas de luz também foram confirmadas por microscopia electrónica de varrimento, onde as hifas fúngicas de *F. oxysporum* incubadas com CM1 mostraram alternância e destruição da parede celular das hifas (Figura 4.5.). Após 12h de incubação, a proliferação de células CM1 nas hifas de *F. oxysporum* foi claramente perceptível. Após 36h de interacção, observou-se a lise completa de *F. oxysporum* mycelium (Figura 4.5.). Estas observações são semelhantes a outros estudos sobre a interacção de bactérias biocontroladoras (*Pseudomonas* spp. e *Bacillus* spp.) e agentes patogénicos fúngicos (Mehta e Nautiyal, 2001, Nautiyal, 2002, Nautiyal *et al.*, 2006).

Quadro 4.5. Interacção entre *Fusarium oxysporum* e *Botryodiplodia theobromae* com *Bacillus subtilis* CM1 e CM3 em caldo de batata dextrose

Tratamento	Massa seca fúngica (mg)

	F. oxysporum (FO)	
1.	FO	272 ± 11.2
2.	FO + *B. subtilis* CM1	138 ±9.3
3.	FO + *B. subtilis* CM3	118 ± 16.2
	B. theobromae (BT)	
1.	BT	523 ± 10.1
2.	BT + *B. subtilis* CM1	325 ± 6.2
3.	BT + *B. subtilis* CM3	328 ± 11.2

O número de réplicas por cada tratamento é de 3 ± Desvio padrão

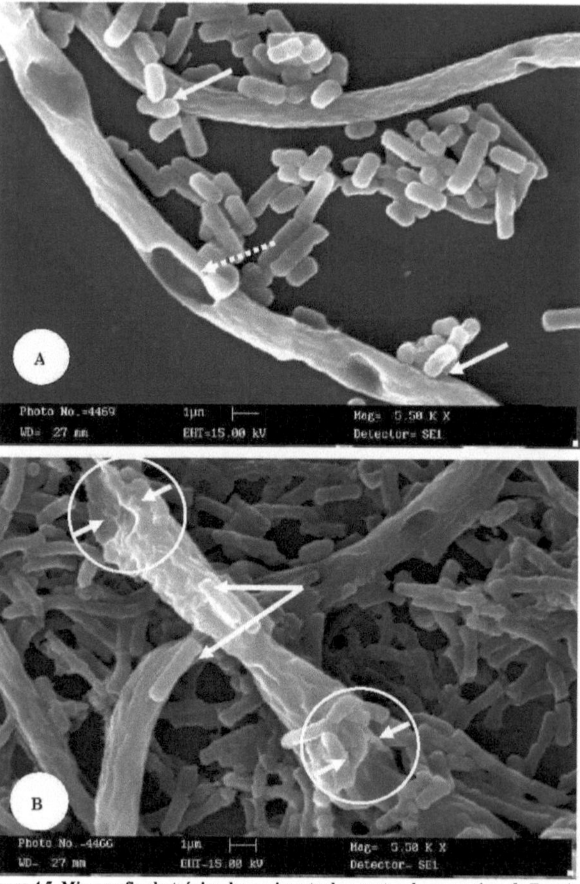

Figura 4.5. Micrografia electrónica de varrimento de amostra de *oxysporium de Fusarium* recolhida às 12 h (A) e 36 h (B) após interacção com *Bacillus subtilis* CM1. A seta sólida e pontilhada mostra a ligação bacteriana com hifas fúngicas e a marca lítica das hifas. Os círculos indicam a lise completa do micélio fúngico após 36 h de interacção

4.4.4. Papel das enzimas líticas na actividade de biocontrolo

A produção de quitinase foi estudada em meio líquido quitinoso. O resultado mostrou que

as estirpes de *B. subtilis* produziram 10-30 Unidades de quitinase extra celular (a unidade onr de quitinase é expressa como pg de *n*- actylgucosamina produzida/min/ml) no meio de cultura. Foram observadas descobertas semelhantes por outros trabalhadores (Nautiyal *et cd.*, 2002 e 2006).

4.5. PAPEL DO ÁCIDO OXÁLICO EM FUNGOS FITOPATOGÉNICOS *(F. OXYSPORUMAND B. THEOBROMAE)*

Durante a patogénese nas plantas, alguns fungos produzem ácido oxálico (OA) antes do crescimento micelial (Duttan e Evans, 1996; Nagarajkumar *et cd.*, 2005). Tem sido sugerido que o OA secretado pelo fungo precipita $Ca2+$ das lamelas médias para formar cristais de oxalato de cálcio, deixando os materiais pécticos mais susceptíveis à degradação enzimática (Cessna *et al.*, 2000). Durante a patogénese, as concentrações de oxalatos no tecido hospedeiro levam à decomposição celular (Mehta e Dutta, 1991; Zhou e Boland, 1999).Estudos recentes mostraram que *B. subtilis* produz oxalato descarboxilase (Helbig, 2006), a enzima que desintoxica OA para formar e $_{CO2}$ (Anand *et al.*, 2002). O presente estudo foi realizado para determinar se *F. oxysporum* e *B. theobromae* produziram OA em monocultura e em co-cultura com *B. subtilis* CM1. Além disso, foi explorada uma actividade desintoxicante de *B. subtilis* CM1 em O.

4.5.1. Produção de ácido oxálico por fungos

A acumulação de OA em caldo de dextrose de batata aumentou gradualmente em simultâneo com o aumento da massa celular fúngica durante o período de incubação de 10 dias **(Figura 4.6.).** A acumulação máxima de OA foi observada na fase tardia do crescimento fúngico e a taxa de acumulação de OA foi semelhante para ambos os fungos. Além disso, o pH do meio diminuiu gradualmente de 6,8 (0 dia) para 5,1-5,6 (dia 4) para 4,2- 4,8 (dia 6-10). OA é conhecido como um factor de actividade patogénica produzido por vários fungos fitopatogénicos incluindo *Sclerotinia sclerotiorum* (Duttan e Evans, 1996), *Scleretium rolfsii* (Sarnia *et al.*, 2002), *Penicillum oxalicum* (Ikotun, 1984) e Rhizoctonia *solani* (Nagarajkumar *et al.*, 2005).

4.5.2. Acumulação de ácido oxálico por fungo de co-cultura com *B. subtilis* CM1

A co-cultura simultânea de *B. subtilis* CM1 e *F. oxysporum* ou *B. theobromae* diminuiu a acumulação de ácido oxálico para 90,1 e 94,0 %, respectivamente, em comparação com *F. oxysporum* e *B. theobromae,* cultivados individualmente **(Tabela 4.6.).** O Uma acumulação foi directamente proporcional à massa de células fúngicas no meio de cultura [r2 = 0,891 *(F. oxysporum)* e r2 = 0,747 *(B. theobromae)].*

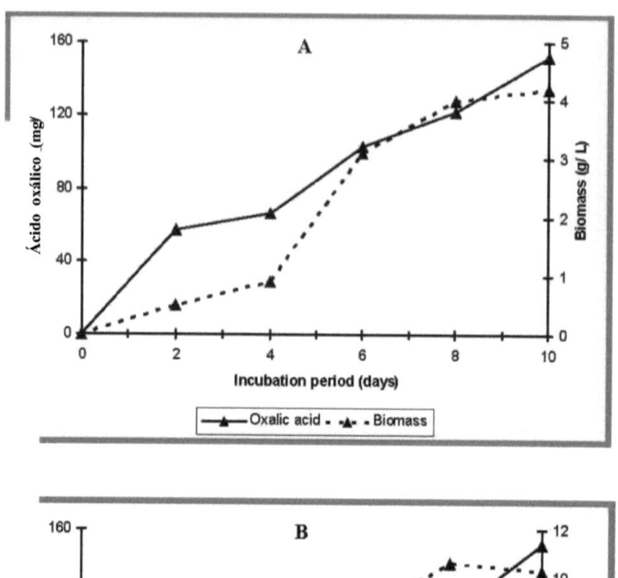

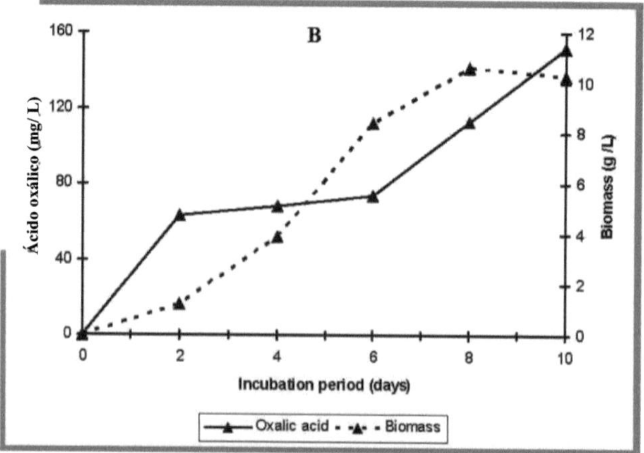

Figura 4.6. Acumulação de ácido oxálico e massa celular em meio líquido dextrose de batata por (A) *F. oxysporum* e (B) *B. theobromae*

Quadro 4.6. Concentração de ácido oxálico na co-cultura de *Fusarium oxysporum* ou *Botryodiplodia theobromae* e *Bacillus subtilis* CM1 em meio líquido Dextrose de Batata, após 6 dias de incubação

Microrganismos	Ácido oxálico (mg/L)	Massa celular total (g/ L)
Co-cultura simultânea de *B. subtilis* e Fungus		
B. subtilis CM 1+ *F. oxysporum10*	.2 + 0.06	2.30
B. subtilis CM 1+5. *theobromae*	5.0+0.03	1.20
Fungos inoculados 24h antes da inoculação de *B. subtilis*		
B. subtilis CM 1+ *F. oxysporum*	25.3 + 0.20	1.70
B. subtilis CM 1+5. *theobromae*	63.0 + 0.08	1.60
Fungos inoculados 24h após a inoculação de *B. subtilis*		
B. subtilis CM 1+ *F. oxysporum*	3.2 + 0.16	1.80
B. subtilis CM 1+5. *theobromae*	1.5+0.07	0.80
Bacillus subtilis CM 1	0.0	0.36
F. oxysporum	103.0 + 0.12	3.10
B. teobromae	73.7 + 0.06	8.40

O número de réplicas por cada tratamento é de 3

± Desvio padrão

Além disso, quando *a* suspensão de esporos de *B. subtilis* foi adicionada após 24h de inoculação de qualquer um dos fungos, houve também uma redução na acumulação de OA no meio de cultura; embora fosse 2,5 e 12,6 vezes mais do que o cultivo simultâneo de *B. subtilis* e *F. oxysporum* ou *B. theobromae,* respectivamente. Da mesma forma, quando *B. subtilis* foi inoculada 24h antes da inoculação de fungos, a redução da acumulação de OA foi máxima **(Tabela 4.6.).**

A Figura 4.7 mostra a tendência na acumulação de AO por co-cultura de *B. subtilis* e do fungo *(F. oxysporum* ou *B. theobromae)* a pH diferente (5,0- 8,0). A menor acumulação de OA foi observada a pH 5,0, que aumentou gradualmente quando o pH do meio de cultura também aumentou. No entanto, a acumulação de cellmassa não foi afectada pela alteração do pH. A massa celular de 1,0 - 1,8 g/L e 1,8 - 3,9 g/L foram obtidas para *B. subtilis* CM1 + *F. oxysporum* e *B. subtilis* CM1 e B. *theobromae* co-cultura respectivamente, em meio PD variando no pH inicial (5,0 - 8,0). Verificou-se que a concentração de OA da batata-doce e outras raízes e tubérculos aumentou como resultado de infecção com vários microrganismos patogénicos (Faboya *et al.,* 1983). No presente estudo, observou-se também que a concentração de ácido oxálico em tubérculos de inhame infectados com *F. oxysporum* ou *B. theobromae* era de 1,0 a 1,25 dobras mais do que os tubérculos não infectados (dados não mostrados). O aumento de OA foi sugerido para ajudar a penetração de agentes patogénicos através de Ca2+ ou Mg2+ selvagens na lamela média das paredes celulares, aumentando a susceptibilidade dos pectatos à hidrólise pelas enzimas de decomposição das paredes celulares. Os nossos estudos anteriores mostraram que a estirpe CM 1 de *B. subtilis* era antagonista tanto de *F. oxysporum* como de *B. theobromae;* a inibição de *F. oxysporum* foi presumida devido à produção de metabolitos antifúngicos e a de *B. theobromae* foi devida à competição por nutrientes e espaço em vez de secreção antimicrobiana. Contudo, como muitas bactérias antagonistas, *B. subtilis* exerce vários mecanismos

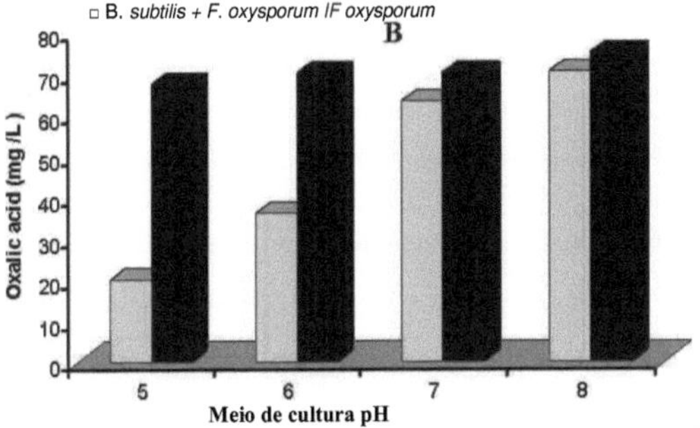

Figura 4.7. Efeito da Batata - Dextrose líquida pH na acumulação de ácido oxálico durante a co-cultura simultânea de (A) *F. oxysporum* e *B. subtilis* CM1 e (B) *B. theobromae* e *B. subtilis* CM1 após 6 dias de incubação

(anti metabolitos como a produção de subtilina e ituiina, competição por nutrientes, etc.), que operam incombinação por actividade antagónica contra fungos patogénicos (Helbig, 2006). Estudos recentes estabeleceram que *B. subtilis* produz a enzima oxalato descarboxilase que desintoxica o ácido oxálico produzido pelos fungos patogénicos (Tanner e Bomemann, 2000; Just *etai.*, 2004). Esta característica acrescenta outra arma à sua armadura para uma actividade antagónica contra os fungos.

4.5.3. Desintoxicação do ácido oxálico porT>. subtilis *CM1*

Estudos preliminares mostraram que a estirpe CM1 de *B. subtilis* poderia crescer em meio PMS contendo 0,5 g de ZL OA como fonte de carbono e para além desse crescimento foi suprimido. No presente estudo, o OA - desintoxicação foi estudado em OA - meio PSM emendado através da inoculação de OA (0,5 g/ L) - esporos de *B. subtilis* adaptados e não adaptados e os resultados são mostrados na Figura 4.8. Houve um declínio gradual na concentração de AO em meio PMS contendo AO (0,2 - 1,0 g/ L) durante o período de incubação de 72 h, mas a taxa de desintoxicação foi marginalmente mais elevada por AO - esporos adaptados do que esporos não adaptados. O ácido oxálico - enzima desintoxicante inB. *subtilis* foi identificado como decarboxilase oxalatada (Anand *et al.*, 2002; Just *et al.*, 2004), o que torna a actividade enzimática apreciável apenas sob condição ácida (pH 4,0 - 6,0) (Tanner e Bomemann, 2000). Esta pode ser uma razão provável pela qual a acumulação de OA era baixa em caldo de PD acidificado a pH 5,0 - 6,0 e inoculado com co-cultura de *B. subtilis* CM1 e fungo (*F. oxysporum* ou *B. theobromae)* **(Figura 4.8.).**

4.5.4. Determinação da massa molecular da enzima desintoxicante do ácido oxálico

O filtrado de cultura de *B. subtilis* CM1 que tinha sido cultivado em meio PSM contendo OA (1 g/ L) foi analisado pela SDS-PAGE para a possível secreção de enzimas desintoxicantes de OA. Os resultados indicaram que várias proteínas foram segregadas por *B. subtilis* CM 1 no meio de cultura quando este foi cultivado na presença de OA. No entanto, a análise SDS-PAGE de 70 % da fracção de sulfato de amónio do filtrado mostrou a presença de uma proteína predominante de 97 kDa **(Figura**

4.9). Sugere que esta fracção proteica pode estar envolvida na desintoxicação de OA. Tanner e Borneman (2000) relataram uma massa molecular de 44 kDa para descarboxilase oxálica, parcialmente purificada de *B. subtilis* YvrK. Uma massa molecular de 23 kDa de proteína para enzima desintoxicante de OA foi reportada da estirpe *Pseudomonas fluorescens* P1MDU2, uma bactéria da rizosfera eficaz contra o controlo biológico da bainha de arroz causada pela *Rhzoctonia solani* (Nagarajkumar *et al.*, 2005). Tanner e Borneman (2000) relataram uma massa molecular de 44 kDa para O Uma descarboxilase, parcialmente purificada de *B. subtilis* YvrK. Há vários relatórios que mostram grandes variações na massa molecular de várias enzimas extracelulares produzidas por *B. subtilis* , i.e. 14- 67 kDa para a-amilase (Ozcan *et al.,* 2001; Das *et al.,* 2004), 47 - 106 kDa para a pectinase (Nasser *et al.,* 1990; Kashyap *et al.,* 2003) e 14- 89 kDa para a quitinase (Bhusan, 2000; Wang *et al.,* 2006) etc. Assim, a diferença na massa molecular de OA decarboxilase de *B. subtilis* CM1 (97 kDa), conforme observado no presente estudo, que difere do relatório anterior de 44 kDa (Tanner e Borneman, 2000), não é trivial.

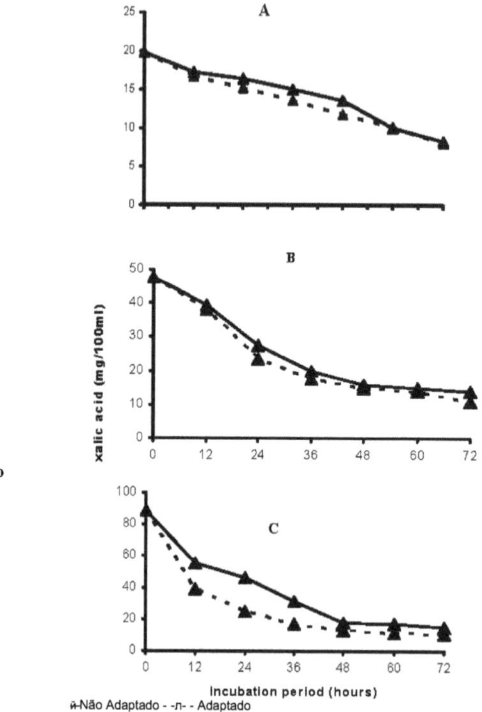

Figure 8.   . Desintoxicação com ácido oxálico por *B. subtilis* CM1 em Peptona - Sal Mineral meio líquido contendo ácido oxálico (A) 0,2 g /L, (B) 0,5 g/ L e (C) 1 g/ L em cultura ambos

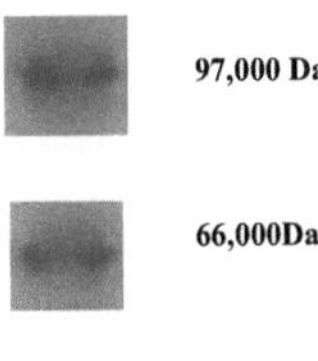

Figure 9. . Determinação da massa molecular por SDS-PAGE. (A) Proteína desintoxicante do ácido oxálico da estirpe *B. subtilis* CM1. (B) Marcador de proteína padrão (PMW- M): (14,300-97,000 Da)

4.6.   APLICAÇÃO *IN VIVO* DE *B. SUBTILIS* EM TUBÉRCULOS DE INHAME

Neste estudo verificou-se que se registou uma podridão considerável (28 -30 freiras) em tubérculos inoculados apenas com o fungo, enquanto não ocorreu qualquer podridão nos tratamentos inoculados com qualquer dos isolados de *B. subtilis* **(Quadro 4.7).** No entanto, os tubérculos em que tanto o fungo estragado como o *B. subtilis* foram co-inoculados mostraram comparativamente menos apodrecimento. Na inoculação simultânea, a indução de podridão variou de 4,0 a 6,2 mm. Neste estudo, as inoculações artificiais com os fungos de deterioração individuais foram aumentadas a fim de aumentar a pressão dos agentes patogénicos no tubérculo e aí foi imposta uma condição de teste mais exigente ao potencial agente biocontrolador. A taxa mais rápida de desenvolvimento de podridão estava relacionada com a frequência avaliada da ocorrência do fungo específico **(Figura 4.10. A e B).** A podridão foi substancialmente suprimida nos tubérculos de inhame tratados com CM1 ou CM3; um resultado semelhante foi observado por Okigbo utilizando microrganismos biocontroladores tais como *B. subtilis* e *Trichoderma viride* (Okigbo, 2005; Okigbo e Ikediugwu, 1999) contra vários agentes patogénicos de inhame pós-colheita tais como *B. theobromae, Fusarium moniliforme, Penic ilium sclerotigenum wARhizoctonia^^*.

Quadro 4.7. Efeito do *Bacillus subtilis* na indução de podridão (mm) em tubérculos de inhame causado pelos fungos de deterioração pós-colheita *(Fusarium oxysporum* e *Botryodiplodia thobromae)* de inhame após sete semanas

Microrganismos	Só Fungus ou *B. subtilis*	Fungos e *B. subtilis* simultaneamente
F. oxysporum (FO)	28.0 ±2.0	-
B. theobromae (BT)	30.0 ±3.0	-
B. subtilis CM 1	0	-
B. subtilis CM3	0	-
FO + *B. subtilis* CM 1	-	5.2± 1.0
FO + *B. subtilis* CM3	-	4.2± 1.1
BT + *B. subtilis* CM 1	-	6.2 ±0.5
BT + *B. subtilis* CM3	-	4.0 ± 1.5

O número de réplicas para cada tratamento é de 3

± Desvio padrão

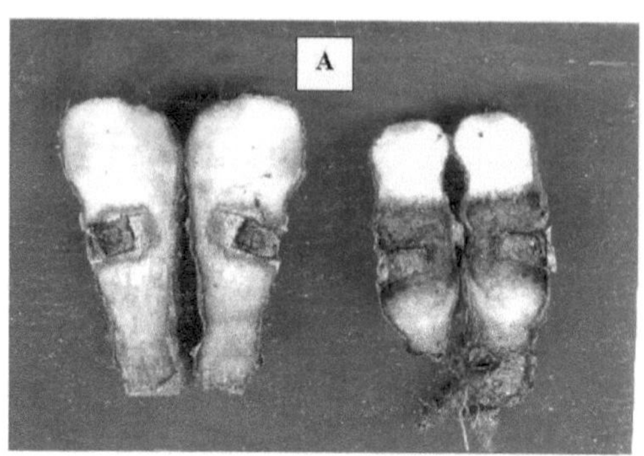

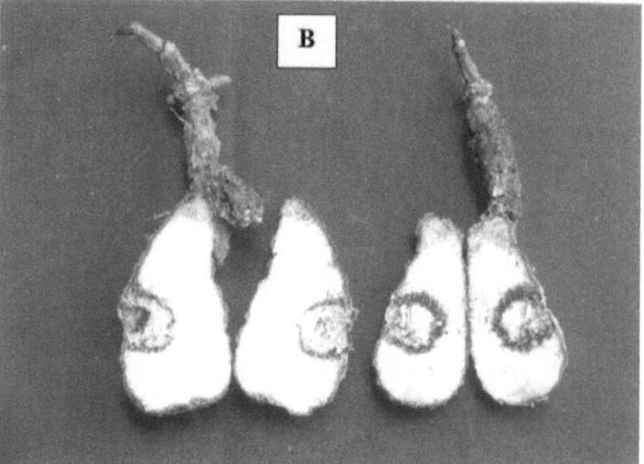

Figura 4.10. Efeito de *B. subtilis* plus *F. oxysporum* (lado esquerdo) e *F. oxysporum* (lado direito) (A) e *B. subtilis* plusB. *theobromae* (lado esquerdo) e *B. theobromae* (lado direito) (B) em tubérculos de *D. rotundata*

4.7.   SOLUBILIZAÇÃO DE FÓSFORO POR *B. SUBTILIS*

O fósforo (P) é um dos principais nutrientes que limitam o crescimento das plantas (Yadav e Dadarwal, 1997). Contudo, a maioria dos nutrientes essenciais das plantas, incluindo o P, permanecem insolúveis no sistema do solo (Abd-Alla, 1994). Uma grande porção de P orgânico aplicado no solo como fertilizante é rapidamente imobilizada após a aplicação e torna-se indisponível para as plantas. A inoculação do solo com bactérias solubilizantes de fosfato (PSB) é conhecida por melhorar a solubilização do solo fixo P, tal como o fosfato tri-cálcico que resulta num maior rendimento da cultura (Abd-Alla, 1994; Jones e Darrah, 1994; Kubat e Mikanova, 1994). As estirpes dos géneros *Rhizobium, Pseudomonas, Bacillus* (bactérias), *Aspergillus* e *Rhizopus* (fungos) são os mais poderosos microrganismos solubilizantes de fosfato isolados do solo e da rizosfera vegetal (Rodriguez e Fraga, 1999; Fiorertto e Fuggi, 2005). A presente investigação teve como objectivo estudar a capacidade das estirpes de *B. subtilis* isoladas da microflora de excrementos de vaca para solubilizar P *in vitro* e em solo autoclavado.

4.7.1. Solubilização *in Vitro* Phosphorus

4.7.1.1. Estudo qualitativo

Cinco estirpes bacterianas (CM1 - CM5) foram inicialmente rastreadas para solubilização de P. A CM1 foi considerada a estirpe mais eficaz com base na mudança visual da cor azul para amarelo fraco, utilizando o meio fosfato do Instituto Nacional de Investigação Botânica (NBRIP) com azul de bromofenol (BPB). O BPB é um corante de cor azul que muda para amarelo fraco quando o pH cai. Em corporação de BPB em meio de cultura foi estudada por vários trabalhadores para determinação qualitativa da solubilização de P por microorganismos em meio de cultura (Gupta *et al.*, 1994; Mehta e Nautiyal, 2001). Vários trabalhadores relataram que o fosfato inorgânico é solubilizado por microrganismos através da produção de ácidos orgânicos e oxo-ácidos quelantes a partir do açúcar (Nautiyal, 1999). Portanto, a maioria dos testes qualitativos para testar a eficiência reactiva do PSB baseia-se na redução do pH, devido à produção de ácidos orgânicos no meio circundante (Gupta *et al.*, 1994).

4.7.1.2. Estudo quantitativo

Para a solubilização do fosfato, as fosfactérias produzem enzimas fosfatase ácida (AcP) e fosfatase alcalina (AlP). A estimativa quantitativa das actividades de solubilização de P e das enzimas AcP e AlP também confirmou que a CM1 era a estirpe mais eficiente (Tabela 4.8.). CM1 produziu a actividade mais elevada de fosfatase [p < 0,001, LSD =3,26 (AcP), p < 0,001,

LSD = 1,96 (A1P)] em meio NBRIP. A taxa de solubilização de P foi associada à diminuição do pH do meio de crescimento de 6,9 (inicial) para 3,5-5,2 (final) em relação às diferentes estirpes. Houve correlações positivas significativas entre a solubilização de P e a fosfatase [r2 = 0,4374 (AcP); r2 = 0,8947 (A1P)] e a solubilização de P e pH (r2 = 0,8266). Além disso, houve um aumento constante na produção de fosfatase durante um curso de estudo de 48h. A produção de AcP foi de 30,2 Unidades às 12h, que aumentou para 45,2, 57,2 e 78,1 Unidades às 24, 36, e 48h, respectivamente. Da mesma forma, a actividade A1P foi de 37,2, 53,0, 71,2 e 94,6 Unidades às 12, 24, 36 e 48 h, respectivamente. O P (pg/ml) disponível no meio também aumentou de 10,0 (12 h) para 30,1 (48 h) durante o período correspondente, em concomitância com uma diminuição gradual do pH de 6,1 (12 h) para 3,5 (48 h).

Quadro 4.8. Solubilização de fósforo (P) e produção de fosfatase por estirpes de *B. subtilis* em meio de cultura NBRIP após 48 h de incubação

Estirpes	Fosfato disponível (pg/ml)[a]	Fosfátase		pHd médio final
		Ácido".	Alkalinec	
CM1	30.1	78.1	94.6	3.5
CM2	25.8	62.1	68.3	4.3
CM3	23.8	70.2	82.3	4.1
CM4	26.3	64.3	72.1	3.8
CM 5	20.0	68.3	90.2	5.2

O número de réplicas para cada tratamento é de 3

LSD = Menos diferença significativa

[aLSD] (p = 0,05) = 2,36 [bLSD] (p = 0,05) = 3,26 CLSD (p = 0,05)= 1,91 [dLSD] (p = 0,05) = 0,19

4.7.2. Solubilização de fósforo em solo autoclavado tratado com *B. subtilis* /cow-dung

Nesta experiência, um solo de argila arenosa (Entisol) foi tomado em frascos cónicos humedecido até 60% e depois autoclavado a 121°C. Após a autoclavagem, as amostras de solo foram inoculadas com *B. subtilis* (2x10s CFU/ml) e esterco de vaca a 10%, separadamente. A **Figura 4.11** mostra a tendência da solubilização de P e da actividade da fosfatase em solos autoclavados alterados com fosfato tri-cálcico (CP) e inoculados com a estirpe CM1. A concentração de fosfato disponível aumentou significativamente ($p < 0,001$, LSD = 0,032) com o tempo de incubação, concomitantemente com

diminuição do pH de 6,9 (pH inicial do solo após autoclavagem) para 3,3 ($p < 0,001$, LSD = 0,016) após 25 dias. No entanto, a actividade AcP aumentou de zero (0 dia) para 210 Unidades ($20°$ dia). A actividade A1P não mostrou variação significativa ($p < 0,05$, LSD = 5,69) durante 25 dias de incubação. O aumento da actividade da fosfatase em solo inoculado por bactérias era esperado devido ao aumento de *B. subtilis* população durante o período de incubação (Ruggiero *et al.*, 1996). A autoclavagem elimina a competição e altera a composição química do solo; *B. subtilis* no presente caso ainda poderia crescer em condições não naturais. Uma bactéria que poderia solubilizar a PC em solo autoclavado pode presumivelmente fazê-lo em solo não esterilizado. A **Figura 4.12.** mostra a tendência na solubilização de P e na actividade de fosfatase em solo autoclavado emendada com 10% de excremento de vaca (CD) em vez de *B. subtilis*. Houve um aumento constante do P disponível do $5°$ dia para o $20°$ dia de incubação ($p < 0,001$, LSD = 0,036); depois disso notou-se uma diminuição marginal do fosfato disponível. Isto pode ser devido ao metabolismo de uma parte do fosfato disponível por *B. subtilis*. Além disso, houve um aumento de 25,3% na solubilização de P no $20°$ dia em solo alterado por CD em comparação com solo inoculado com *B. subtilis*. Da mesma forma, houve um aumento de 12,6% na actividade de AcP em solo tratado com CD sobre solo inoculado com B. *subtilis*. Isto pode ser devido ao enriquecimento orgânico do solo, para além da presença de *B. subtilis* nativa e, presumivelmente, de outros microrganismos solubilizantes de P em CD. Contudo, não houve variação significativa ($p < 0,001$, LSD = 11,96) na actividade do A1P entre o solo tratado com CD e B. *subtilis*.

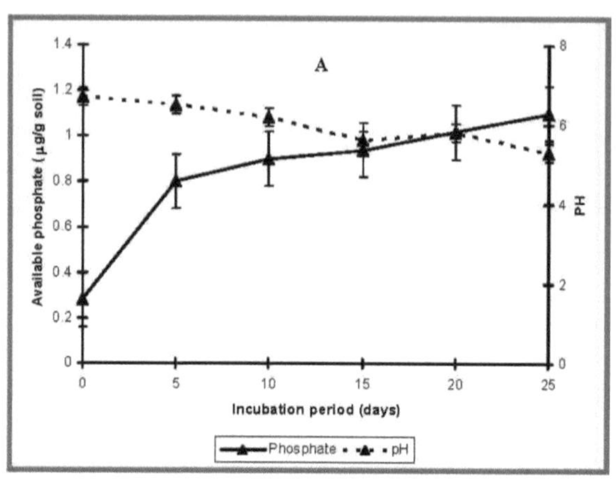

A
Available phosphate (µg/g soil)
PH
1.4
1.2
1
0.8
0.6
0.4
0.2
0
8
6
4
2
0
0
5
10
15
20
25
Incubation period (days)
Phosphate
pH

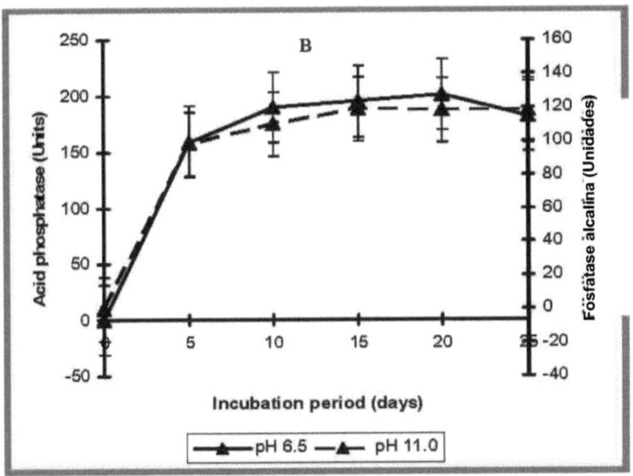

Figura 4.11. Efeito da inoculação de *B. subtilis* CM1 em Entisol esterilizado na solubilização de P [A: fosfato e pH disponíveis, B: fosfatase ácida e fosfatase alcalina].

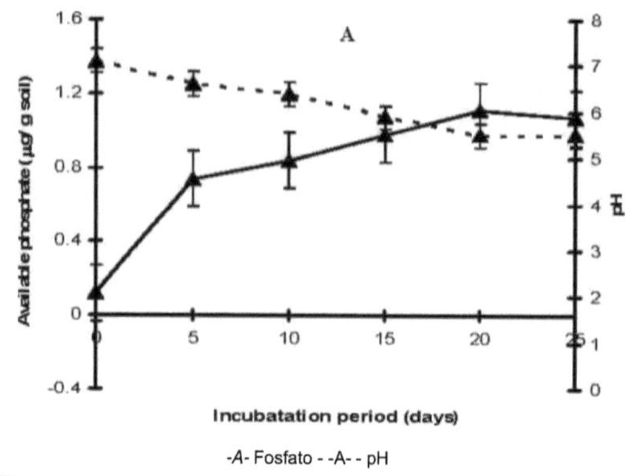

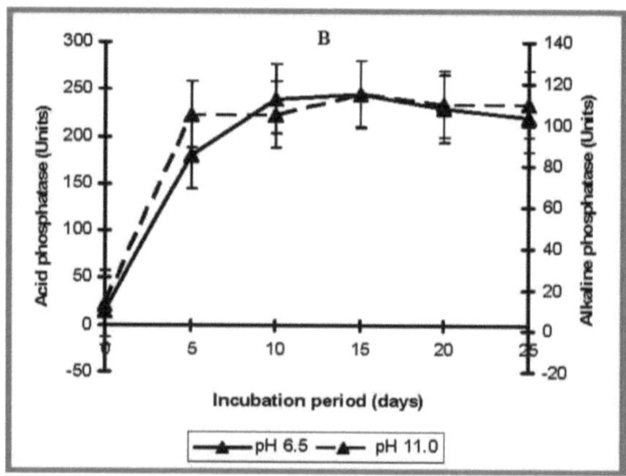

Figura 4.12. Efeito do estrume de vaca adicionado em Entisol esterilizado na solubilização de P [A: fosfato e pH disponíveis, B: fosfatase ácida e fosfatase alcalina].

4.7.3. P solubilização por *B. subtilis* em solo de rizosfera e não rizosfera de plantas de feijão-frade

O quadro 4.9 mostra o impacto da inoculação de *B. subtilis* e do esterco de vaca emendado na solubilização de P e na actividade de fosfatase em amostras de rizosfera e não rizosfera de solos plantados de feijão de vaca. Em geral, houve mais actividade de fosfatase [p < 0,001, LSD =3,86 (AcP), p < 0,001, LSD = 7,9ЦА1Р)] e P- solubilização (p < 0,001, LSD = 0,042,) na rizosfera do que em solos não rizosfera (Fioretto e Fuggi, 2005). Além disso, houve um aumento de 97 e 18% de actividade de fosfatase e solubilização P respectivamente em *B. subtilis* amostras de solo inoculado em rizosfera, o solo foi observado em solos não tratados.

4.7.4. Efeito do P solubilizante *B. subtilis* e do estrume de vaca no crescimento do feijão-frade

As sementes de feijão-frade esterilizadas à superfície foram colocadas em buracos de plantação de solo esterilizado contidos em sacos de polietileno e divididos em três conjuntos. Uma parte foi tratada com 3 ml de esporos bacterianos (2x10s UFC/ml) onde como segundo conjunto foi alterado com 10% de esterco fresco de vaca (equivalente a 3 ml de suspensão de esporos bacterianos). O terceiro conjunto, sem qualquer tratamento, foi mantido como controlo. As plantas de feijão-frade provenientes de solo bacteriano inoculado ou de estrume de vaca emendado mostraram um aumento significativo sobre as provenientes de solo não tratado em altura de planta (p < 0,001, LSD = 1,00), comprimento de raiz (p < 0,05, LSD = 3,26) e matéria seca (p < 0,05, LSD = 0,32) (Tabela 4.**10). Para** além do aumento da actividade da fosfatase e da concentração de fosfatos, os efeitos benéficos da fosfatase que produz *B. subtilis* no crescimento das plantas podem também dever-se à produção de reguladores de crescimento das plantas. Além disso, muitos PSB, i.e. *Bacillus, Pseudomonas,* etc., foram relatados para melhorar o crescimento de plantas [feijão mung *(Vigna radiata* L.), feijão de cacho *(Cyamopsis tetragonoloba* L.), trigo *(Triticum aestivum* L.) e ervilha-de-pinto *(Cicer arietinum* L.)] devido à produção de reguladores de crescimento (IAA e GA3) em conjunto com outras actividades benéficas como o biocontrolo e a solubilização de P

(Rodriguez e Fraga, 1999).

Quadro 4.9. Efeito de *B. subtilis* CM1 e do tratamento com esterco de vaca (10%) no solo esterilizado plantado com feijão de vaca na fosfatase e solubilização de P na rizosfera (R) e n na rizosfera (NR)

	Solo		Solo+ *B. subtilis*		Solo + Cow-dung	
	R	NR	R	NR	R	NR
Fosfátase ácida	108±5.2	88±4.2	210 ±11.2	180 ±5.1	176±4.2	123±4.2
Alcalino fosfátase	90 ±6.4	63 ±8.2	128 ±5.2	108±2.1	122±2.1	98±5.6
P disponível	35 ±2.0	28 ± 1.8	42±2.2	32±2.1	40±3.1	38±2.1

O número de réplicas para cada tratamento é de 3

± Desvio padrão

Quadro 4.10. Efeito do tratamento de *B. subtilis* CM1 e esterco de vaca (10%) em solo esterilizado na altura da planta, comprimento das raízes e peso seco da planta de feijão-frade

	Solo	Solo ± *B. subtilis*	Solo ± Cow-dung
Altura da planta (cm)	15.3 ± 1.2	26.4 ±2.0	24.6 ± 1.6
Comprimento da raiz (cm)	12.0 ± 1.0	19.5 ± 1.5	19.0 ± 1.2
Peso seco da planta (g)	4.7 ±0.6	6.8 ± 1.0	6.0±0.5

O número de réplicas para cada tratamento é de 3

± Desvio padrão

4.8. PROMOÇÃO DO CRESCIMENTO DAS PLANTAS POR *B. SUBTILIS*

Neste estudo, a promoção do crescimento de plantas por *B. subtilis* foi estudada das seguintes formas.

4.8.1. Produção de ácido indole-3-acetico em meio líquido

4.8.2. Indole-3- produção de ácido acético em fermentação no estado sólido utilizando resíduos fibrosos de mandioca

4.8.3. Produção de ácido indole-3-acetico por *K subtilis*

Há provas sólidas de que o ácido acético indole-3 (IAA) e outros reguladores de crescimento (GA3) produzidos pelas plantas, essenciais para o seu crescimento e desenvolvimento, são também produzidos por várias bactérias, que vivem no solo, bem como em associação com as plantas (Glick, 1995). Há provas de que os reguladores de crescimento como o IAA produzido por bactérias podem, em alguns casos, aumentar e melhorar o rendimento das plantas hospedeiras. A produção bacteriana de IAA foi estudada não só em relação aos seus efeitos fisiológicos nas plantas, mas também em relação ao seu possível papel como fitohormona na interacção microbiana das plantas (Barbieri e Galli, 1993; Xie *et al.*, 1996; Patten e Glick, 2002). Neste estudo, foi explorada a produção de estirpes IAA por *B. subtilis* e foi estudado o efeito da aplicação exógena da cultura de *B. subtilis* e do estrume de vaca na germinação de tubérculos de inhame.

4.8.4. Selecção de estirpes eficientes para a produção de ácido acético indole-3

8. As estirpes *subtilis* (CM1- CM5) foram cultivadas em caldo de nutrientes L-triptofano (lOOmg/l) e sem triptofano, como observado durante 8 dias a 30°C. A estimativa IAA foi efectuada no final do período de incubação. Estudos preliminares utilizando TLC e bioensaio espectrofotométrico mostraram que as estirpes *B. subtilis* (CM1 - CM5) produziram apenas IAA enquanto que o GA3 não pôde ser detectado (Mac Milan e Suter, 1963). Na presença das estirpes L- triptofano, *B. subtilis* CM 1, CM2 e CM3 produziram quantidades negligenciáveis (0,12 - 0,22 mg/1) enquanto que as estirpes CM4 e CM5 produziram 0,38 mg/1 (62,3% mais do que CM1 - CM3) de IAA. Além disso, a adição de L-triptofano (0,1 g/1) aumentou a produção de IAA pelas estirpes CM4 e CM5 para 2,1 - 2,5 mg/1 (5,6 - 6,8 dobras). Consequentemente, estas duas estirpes foram escolhidas para estudos adicionais.

4.8.5. Efeito da concentração de I^tiyptophan na produção de ácido acético indole-3

O L-triptofano é geralmente considerado como o precursor do IAA, porque a sua adição à cultura de bactérias produtoras de IAA promove a biossíntese do IAA (Costacurta e Vanderleyden, 1995; Tien *et al.*, 1979). **Figura 4.13.** A mostra o efeito das concentrações de L-triptofano na produção de IAA por *B. subtilis* CM 4 e CM5. Com o aumento da concentração de L-triptofano de 0 para 2 g/1, houve um aumento linear na produção de IAA no caso da estirpe CM4 (Figura 4.1 3A). Contudo, no caso da CM5, observou-se um aumento na produção de IAA até à concentração de 1 g de triptofano/ 1 e houve uma ligeira diminuição com uma concentração mais elevada. Isto pode ser explicado pelo facto de uma única estirpe bacteriana utilizar frequentemente mais do que uma via de biossíntese para a produção de IAA

(Patten e Glick, 1996). Concomitante com o aumento da biossíntese IAA devido ao aumento da concentração de L - triptofano, o crescimento de *B. subtilis* também foi estimulado (Figura 4.13 B). Resultado semelhante foi relatado no caso do *Azospirillum brasilense* (Tien *et al.*, 1979). Do mesmo modo, várias estirpes de *B. subtilis* produziram IAA em meios de cultura (Tang, 1994; Ghosh *et al.*, 2003). A síntese de Tryptophan - IAA dependente também foi elucidada em várias outras bactérias (Patten e Glick, 1996). Por exemplo, em *Enterobacter cloacae, a* IAA foi sintetizada *através do* ácido indole-3-pirúvico (Koga *et cd..*, 1991); em *Pseudomonas syringae, a* biossíntese de IAA ocorre principalmente a partir do triptofano *via* indole-3-acetamida (Hutcheson e Kosuge, 1985) e em *Pseudomonas fluorescens, o* triptofano que contorna o passo do ácido indole-3- pirúvico, é directamente convertido em indole-3-acetaldeído, que é posteriormente convertido em IAA (Oberhansli *et al.*, 1991). A síntese de IAA também foi encontrada *através da* triptamina em *Agrobacterium tumefaciens* e *através do* indole-3-acetonitrilo em *Alccdigenes faecaiis* e *A. tumefaciens* (Costacurta e Vanderleyden, 1995; Kobayashi *et cd.*, 1995).

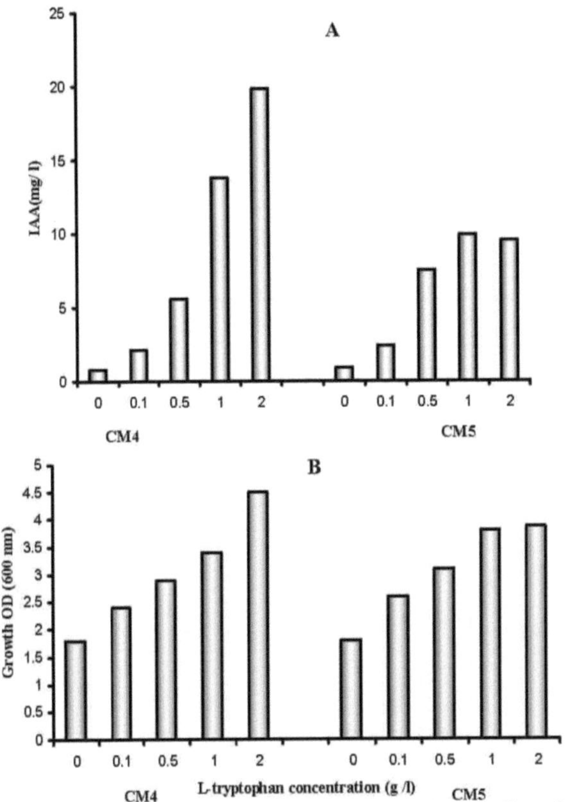

Figura 4.13. Efeito da concentração de L-try ptophan na produção de (A) IAA e (B) crescimento por estirpes *B. subtilis* (CM4 e CM5)

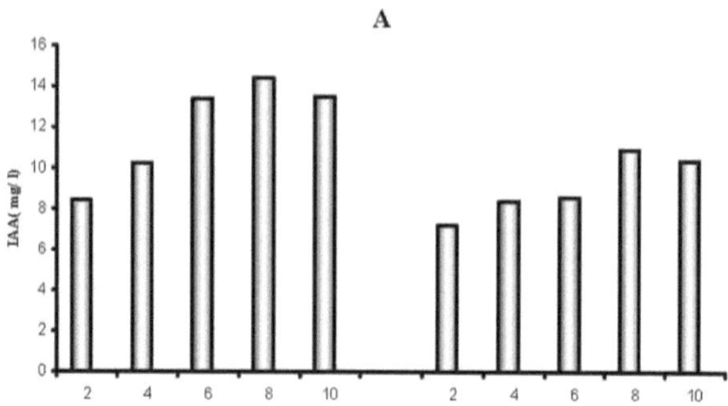

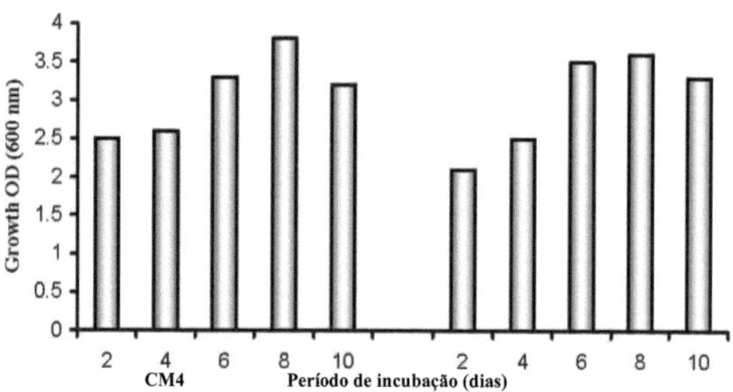

Figura 4.14. Efeito do período de incubação sobre a produção (A) IAA e (B) crescimento por estirpes *B. subtilis* (CM4 e CM5)

4.8.6. Efeito do período de incubação na produção de ácido acético indole-3

A **figura 4.14** A mostra a produção de IAA pelas estirpes CM4 e CM5 de *B. subtilis* em triptofano (1 gd) - meio de cultura suplementar. A produção de IAA foi quase linear de 2 a 8 dias; depois disso, a biossíntese de IAA foi marginalmente reduzida. Isto foi concomitante com o crescimento de *B. subtilis* em meio triptofano-suplementado (Figura 4.14. B). Unyayar *et al.* (2000) e Hansan (2002) relataram para *Pseudomonas* spp. que a quantidade máxima de IAA foi sintetizada durante a fase estacionária de crescimento. A razão pela qual a hipótese foi feita foi durante a fase estacionária, a bactéria poderia ser capaz de obter o máximo de triptofano da massa bacteriana morta, o que poderia resultar em mais produção de IAA.

4.8.7. Efeito das estirpes de *B. subtilis* e do excremento de vaca na germinação dos miniconjuntos de *Dioscorea*

Quando os minisetts de inhame foram mergulhados em *B. subtilis* suspension, houve um aumento acentuado do comprimento de raiz e de rebento, bem como do peso fresco e seco em comparação com o controlo (minisetts não tratados com *B. subtilis)* **(Tabela 4.11.).** Por exemplo, os miniesets de inhame tratados com a estirpe CM4 de *B. subtilis* mostraram 63,5 e 83,3 % mais alongamento da raiz e do rebento em comparação com os não tratados com a suspensão bacteriana. Isto foi muito evidente na Figura 4.15. A. Da mesma forma, 76,2 e 75,7% mais peso de raiz e de rebentos frescos, respectivamente, foram observados em minietots de inhame tratados com *B. subtilis* CM4 em comparação com os minietots de controlo. Resultados semelhantes foram observados também para os miniesets de inhame tratados com estirpe CM5. Em geral, a proporção média raiz: rebento foi mais elevada em *B. subtilis* minisetts de inhame tratado em comparação com os minisetts não tratados com cultura bacteriana. Em relatórios anteriores, verificou-se que o alongamento radicular ocorreu em *Sesbania aculeaia* por inoculação com *Azotobacter* sp. e *Pseudomonas* sp. (Ahmad *et al.,* 2005), em *Brassica campestris* por *Bacillus* spp. (Ghosh *et al.,* 2003), em *Vigna radiata* por *Pseudomonasputida* (Patten e Glick, 2002) e em *Pennisetum americanum* por *Azospirillum bras dense* (Tien *et al.,* 1979). Tal como *B. subtilis* treatment, observou-se um aumento no número e comprimento de rebentos e raízes no caso de minas tratadas com estrume de vaca (Tabela 4.11.). Contudo, o efeito foi menor do que o obtido com o tratamento com *B. subtilis* (Figura 4.15. B). Desde *B. subtilis* no presente estudo não produziu GA3, que poderia estimular o alongamento das raízes e dos rebentos (Hopkins, 1999), confirmou indirectamente o envolvimento do IAA sintetizado pelas estirpes bacterianas no aumento da germinação dos miniesets de inhame.

Quadro 4.11. Efeito da aplicação de estirpes de *B. subtilis* (CM 4 e CM5) e de chorume de vaca na germinação de miniesets de *Dioscorea*

Parâmetros	Controlo	*B. subtilis* (CM4)	*B. subtilis* (CM5)	Cow-dung
Raiz: razão de disparo	5.02	6.16	6.2	5.13
Comprimento da raiz (cm)	15.7 ± 1.23	43.08±3.12	44.09 ±3.01	34.00 ±2.02
Comprimento do disparo (cm)	2.58 ± 0.49	15.0 ±0.90	13.8 ± 1.32	7.60 ± 1.02
Raízes frescas wt. (gm)	1.24 ±0.23	5.21 ±2.3	5.22 ± 1.80	3.54 ± 1.32
Disparar wt. fresco (gm)	1.02 ±0.03	4.19 ± 1.12	4.20 ±0.80	3.04 ±0.42
Disparar wt seco. (gm)	0.12±0.01	0.47 ±0.04	0.47±0.01	0.30 ±0.10
Ciclo seco de raízes. (gm)	0.11 ±0.02	0.39 ±0.02	0.41 ±0.1	0.23 ±0.02

O número de réplicas para cada tratamento é de 3

± Desvio padrão

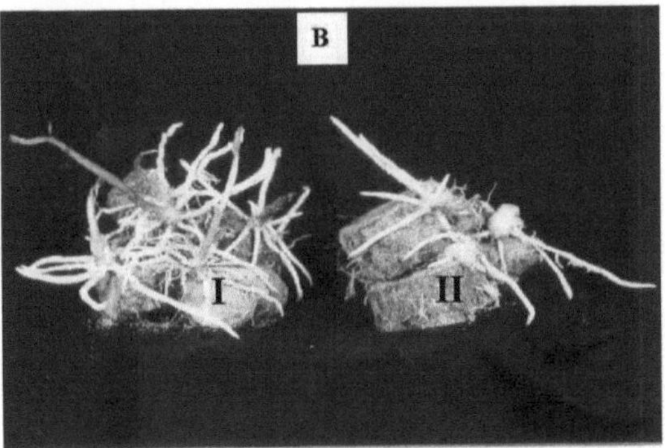

Figura 4.15. Brotação de miniesets *Dioscorea* após 15 dias de plantação no leito de areia A. (I) miniesets com tratamento *B. subtilis* CM4 (II) minisetts sem tratamento *B. subtilis* CM4 B. (I) minietots com tratamento de esterco de vaca (II) minietots sem tratamento de esterco de vaca

4.9. PRODUÇÃO DE IAA POR *B. SUBTILIS* CM5 EM FERMENTAÇÃO EM ESTADO SÓLIDO

Esta experiência foi realizada para investigar a produção de IAA por *B. subtilis* CM5 em fermentação em estado sólido utilizando resíduos fibrosos de mandioca (CFR) para cultura em massa. Os parâmetros de fermentação (período de incubação, pH inicial do meio e capacidade de retenção de humidade) foram optimizados através da aplicação da Tecnologia de Superfície de Resposta (RSM).

RSM é uma estratégia experimental para procurar as condições óptimas para um sistema multivariado (He *et al.*, 2004) e é utilizada para a optimização das condições de cultura no processo fermentado (Rao *et al.*, 1993). RSM consiste num grupo de procedimentos matemáticos e estatísticos que podem ser utilizados para estudar as relações entre uma ou mais respostas e uma série de variáveis independentes. A RSM já foi aplicada com sucesso para a optimização dos meios e condições de cultura em muitos processos de cultivo para a produção de metabolitos primários e secundários (Shirai *et al.*, 2001; Boyaci, 2005).

4.9.1. Resíduos fibrosos de mandioca (CFR)

O processamento industrial da mandioca produz amido de mandioca, resíduos fibrosos de mandioca e cascas. O CFR está incluído como um substrato ideal no SSF devido ao seu elevado (50- 60%) teor de amido residual (fonte de carbono) e menos cinzas (< 1,5%). O CFR foi colocado com sucesso sob SSF para vários produtos, tais como alimentos para animais, após enriquecer o conteúdo proteico com fungos (Ray *et al.*, 2006), enzimas (Pandey *et al.*, 2000 b), ácido orgânico (Kolichisky *et al.*, 1995), compostos aromáticos (Christen *et al.*, 1997), etc.

4.9.2. Inoculum e meio de produção

A produção de IAA foi realizada em garrafa de Roux contendo 20 g de CFR. O CFR foi humidificado com 27 ml de água destilada contendo 1% de peptona (fonte N) para fornecer 70% de capacidade de retenção de humidade (MHC). Além disso, optimização do período de incubação, pH médio inicial e MHC foram realizados cumprindo a MSE.

4.9.3. Optimização do período de incubação, pH médio inicial e MHC através da aplicação da MSE

Os resultados das experiências de CCD para estudar o efeito de três variáveis de fermentação independentes (período de incubação, pH médio inicial e MHC) são apresentados juntamente com as respostas médias previstas e observadas no Quadro 4.12. As equações de regressão obtidas após a ANOVA deram o nível de produção de IAA em função dos valores iniciais do período de incubação, pH e MHC. A equação de resposta final que representou um modelo adequado para a produção de IAA é dada abaixo:

$$Y = 4,78 + 0,026A + 0,24 B + 0,17 C - 0,047 A2 + 0,045 B2 + 0,038 C2 -$$
$$0.27AB - 0.31AC - 0.33BC$$

Onde Y é produção de IAA (pg/gds), A é período de incubação (dias), B é pH médio inicial e C é MHC (%).

O coeficiente de determinação (R2) foi calculado como 0,9694 para a produção de IAA **(Quadro 4.13.)** indicando que o modelo estatístico pode explicar 96,94% de variabilidade na resposta. O valor de R2 está sempre entre 0 e 1. Quanto mais próximo o R2 estiver de 1,0, mais forte o modelo e melhor ele prevê a resposta (Rao *et al.*, 1993). Foi registada uma precisão adequada de 15,392 para a produção de IAA. O R2 previsto (0,7846) para a produção de IAA estava de acordo com o R2 ajustado (0,9418). Isto indicava um bom acordo entre o valor experimental e o valor previsto para a produção de IAA.

Quadro 4.12. Concepção experimental e resultado do CCD da metodologia de superfície de resposta

Std	Um período de incubação (dias)	B pH	C MHC (%)	Produção de IAA (pg /gds)	
				Experimental	Previsto
1	-1	-1	-1	12.7	11.9
2	1	-1	-1	13.1	12.3
3	-1	1	-1	15.1	15.6
4	1	1	-1	15.5	14.6
5	-1	-1	1	12.7	13.2
6	1	-1	1	15.9	15.0
7	-1	1	1	17.9	18.3
8	1	1	1	18.3	18.6
9	-a	0	0	16.3	16.7
10	a	0	0	15.3	15.8
11	0	-a	0	11.3	12.2
12	0	a	0	18.93	17.5
13	0	0	-a	11.7	12.0
14	0	0	a	17.5	17.6
15	0	0	0	23.4	22.8
16	0	0	0	22.8	22.8
17	0	0	0	22.1	22.8
18	0	0	0	22.9	22.8
19	0	0	0	22.3	22.8
20	0	0	0	23.5	22.8

Quadro 4.13. ANOVA para produção de IAA em fermentação no estado sólido

Fonte	Soma de Praças	Grau de liberdade	Quadrado médio	Valor F	p-valor
Modelo	4.63	9	0.51	35.17	0.0001
Erro Puro	0.018	5	0.35		
Total	4.78	19			

R2	0.9694
R2= Ajustado	0.9418
Predicted R2=	0.7846
Precisão Adequada =	15.392
Falta de valor F- de ajuste =	7.13

O modelo F- valor de 35,17 e valores de "prob> F" inferiores a 0,05 indicam que os termos do modelo são significativos. Para a produção IAA A, B, C, B 2 e são modelos significativos. A "falta de ajuste F- valor" de 7,31 implicou que a "falta de ajuste" é significativa.

A superfície de resposta foi gerada traçando a resposta (produção de IAA) no eixo z contra quaisquer duas variáveis independentes, mantendo a terceira variável independente no nível zero. Assim, foram obtidas três superfícies de resposta, considerando todas as combinações possíveis. A **figura 4.16** apresenta um diagrama tridimensional e um gráfico de contorno da superfície de resposta calculada a partir da interacção entre o período de incubação e o pH, mantendo a outra variável (MHC) ao nível 'O'. Observou-se um aumento linear na produção de IAA quando o período de incubação foi aumentado até 6 dias e, depois disso, diminuiu. No caso do pH médio, a produção de IAA aumentou até ao pH 7,0 e depois diminuiu. Quando o nível de MHC (%) foi aumentado de 40 para 70 %, registou-se um aumento linear na produção de IAA até ao sexto dia e aí declinou depois (Figura 4.16 B). A resposta entre o período de incubação e MHC **(Figura 4.16 C) esteve de** acordo com as observações anteriores **(Figura 4.16 A e** B). A superfície de resposta foi utilizada principalmente para descobrir a óptica das variáveis para as quais a resposta foi maximizada. As três parcelas de contorno provaram a importância das respostas anteriores, ou seja, período de incubação com pH, pH com MHC e período de incubação com MHC **(Figura 4.17. A, B e C).** Assim, o período de incubação (6 dias), pH médio inicial (7,0) e MHC (70 %) foram condições adequadas para atingir o título máximo de IAA (23,8 pg/gds), como mostra a **Tabela** 4.12.

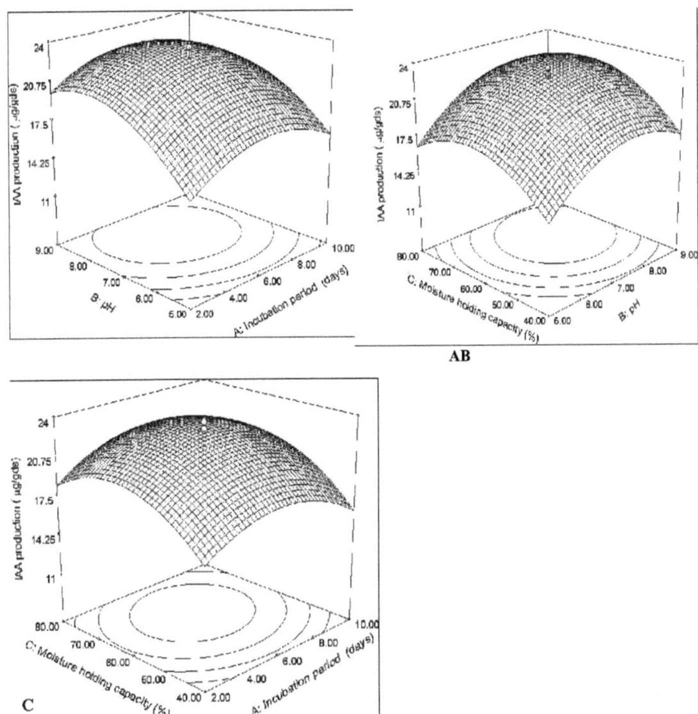

Figura 4.16. Optimização estatística da produção enzimática utilizando MSE, A: período de incubação (dias) B: pH e C: capacidade de retenção de humidade (%)

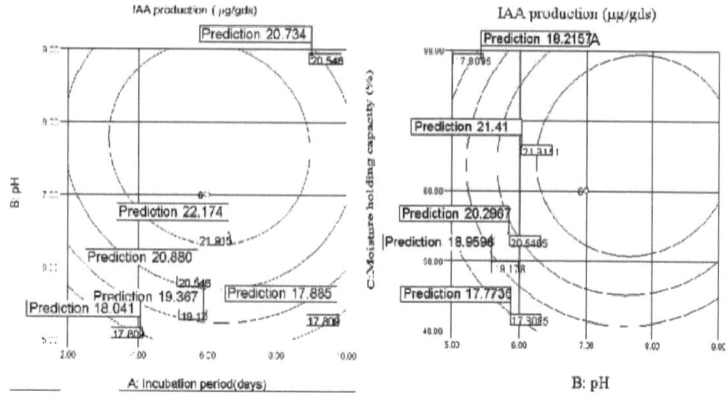

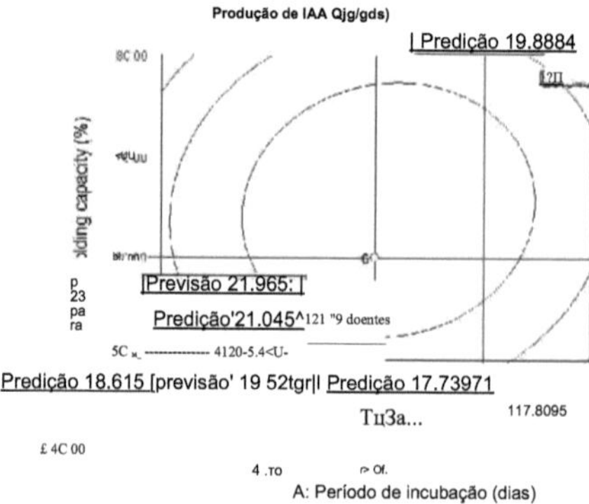

Figura 4.17. Traçado do efeito de, A: pH e período de incubação; B: pH e capacidade de retenção de humidade e C: período de incubação e capacidade de retenção de humidade

4.9.4. Validação do modelo

A validação foi levada a cabo em frascos de agitação em condições previstas pelo modelo. Verificou-se que os valores experimentais estavam muito próximos dos valores previstos e, por conseguinte, o modelo foi validado com sucesso. A validação do modelo estatístico e da equação de regressão foi realizada tomando o período de incubação A (6 dias), pH B (7,0) e MHC C (70 %) na experiência. A resposta prevista para a produção de IAA foi de 22,8 pg/gds, enquanto a resposta real (experimental) foi de 23,8 pg /gds, provando assim a validade.

4.10. PRODUÇÃO DE ENZIMAS INDUSTRIALMENTE IMPORTANTES (a-AMILASE E PECTINASE) DE *SUBTILIZAÇÃO*

B. subtilis produz um conjunto de enzimas industriais termoestáveis que incluem amilase, pectinase, celulase, xilinase, quitinase, etc. (Pandey *et al.,* 2000 a). Neste estudo, a produção de duas enzimas importantes (a- amilase e pectinase) foram estudadas em

1. Fermentação submersa (SmF), e

2. Fermentação em estado sólido (SSF)

4.10.1 *a*- Amilase

Entre as enzimas hidrolisantes de amido que são produzidas à escala industrial, a a-amilase a-amilásica instável é de interesse comercial, particularmente nas indústrias de álcool, alimentos, processamento de amido, têxteis, extracção de fibras. a-Amilase (EC 3.2.1.1.) hidrolisam aleatoriamente a-1,4- ligação glicosídica em amido. As bactérias pertencentes principalmente ao *Bacillus* spp. têm sido amplamente utilizadas para a produção comercial de a-amilase termoestável (Tonkova, 2006). A característica mais importante da produção de amilase termoestável é a sua capacidade de produzir a enzima com maior estabilidade óptima e auto-pulgas mais longas. A a-amilase actualmente utilizada na sacarificação do amido requer Ca^{2+} para a sua actividade e/ou estabilidade. Há uma procura contínua de microoigansismos que produzem a- amilase

que não requerem Ca^{2+} (Tonkova, 2006). Assim, nesta experiência foram estudados SmF e SSF para a produção de amilase a partir de *B. subtilis*.

4.10.1.1. Produção de SmF para a- amilase

SmF é um processo no qual os microrganismos podem crescer em meio EQUID para a produção de metabolitos primários ou secundários.

4.10.1.2. Rastreio de *B. subtilis* para maior produção de a-amilase termoestável

As estirpes *B. subtilis* (CM1 - CM5) foram inoculadas em placas de cultura contendo meio basal (BM) (g/100 ml: amido solúvel, 1,00; extracto de levedura,0,20; peptona, 0,50; MgSO4, 0,050; CaCl2, 0,015; NaCl, 0,050; ágar, 1,50 e pH ajustado a 7,0), incubadas durante 48h a 50°C e depois disso a solução de iodo foi espalhada nas placas de cultura. Dependendo do diâmetro da zona de auréola; *B. subtilis* CM3 foi considerado o mais eficiente produtor de a-amilase e esta estirpe foi escolhida para a produção de a-amilase.

4.10.1. 3. Produção de *a*- amilase

B. subtilis CM3 foi cultivado num caldo BM e incubado com agitação (150 rpm) a 50°C durante 36h num agitador-incubador orbital. Em outras experiências, foram estudados vários parâmetros de cultura (período de incubação, pH médio, temperatura de incubação, fontes N2, fontes de carbono, surfactantes, nível de concentração de amido, concentração de iões Ca2+) para uma - produção de amilase.

4.10.1. 3.1. Factores que afectam a produção de a- amilase

4.10.1. 3.1.1. Período de incubação

Verificou-se que a produção de amilase por esta estirpe era independente do crescimento, uma vez que a produção máxima de enzimas (4625 Unidades) foi alcançada durante a fase estacionária do crescimento (36h) (Figura 4.18.). Foram registadas descobertas semelhantes para várias outras espécies de *Bacillus* **i.e.** *B. thermooleovorans* (**Malhotra** *et al.*, **2000**), *B. amyloliquefaciens* (**Roychoudhary** *et al.*, **1989**) e *B. subtilis* (**Baig** *et al.*, **1984**).

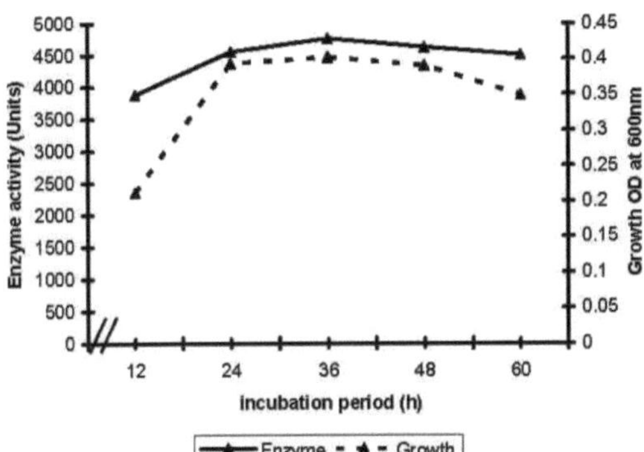

Figura 4.18. Efeito do período de incubação no crescimento e na produção de a-amilase pela estirpe *B. subtilis* CM3

4.10.1. 3.1.2. Temperatura

B. estirpes *subtilis* CM3 produziram amilase optimamente à temperatura óptima de crescimento de 50o-70oC (Figura 4.19. A). Similaridade com outras espécies de *Bacillus*, i.e. *B. coagulans, B. thermooleovorcms, B. licheniformis* e outras, a estirpe *B. subtilis* CM3 mostrou produzir a-amilase no máximo à temperatura óptima de crescimento de 50° - 60°C (Medda e Chandra, 1980; Babu e Satyanarayana, 1993; Malhotra *et al*, 2000) para maximizar a termoestabilidade da enzima, a solução enzimática tamponada a pH 6,8 foi incubada a várias temperaturas (40° - 90°C) durante 30 min. A actividade máxima foi de 4900 - 4960 Unidades à temperatura de 60° - 70°C (Figura 4.19. A). Quando a enzima bruta foi aquecida a 90°C durante 30 min., 80% da actividade da enzima original foi perdida.

4.10.1.3.1.3. pH

O pH óptimo para a produção de enzimas estava no intervalo de 5,0 a 9,0 (4950 - 5180 Unidades) e a estabilidade estava no intervalo se 5,0, 6,0, 7,0 e 8,0 (3455 - 3947 Unidades) (Figura 4.19 B). Esta gama de pH foi óptima para a produção de amilase por *B. subtilis* CM3 foi reportada para *B. brevis* (Tsvelko e Emanuttova, 1989); *B. coagulance, B. licheniformis* (Kirsnan e Chandra, 1983); *B. thrmooleovorans* (Malhotra *et cd.,* 2000) e *B. subtilis* (Das *et cd.,* 2004).

4.10.1. 3.1.4. Fontes de carbono

A *B. subtilis* poderia crescer e produzir uma quantidade quase igual de amilase em meio contendo carbono diferente (1% p/v), ou seja, amido solúvel, glucose, frutose, farinha de trigo, etc. (Quadro 4.14). Além disso, entre as várias concentrações de amido utilizadas, 1% de amido deu o máximo rendimento enzimático (Figura 4.20.). A produção de amilase por esta estirpe foi constitutiva, uma vez que a biossíntese da enzima teve lugar não só na presença de amido mas também com outras fontes de carbono. Além disso, o rendimento da amilase era semelhante em todos os tipos de fontes de carbono tais como amido solúvel, amido de batata, glucose, maltose, sacarose, etc. e, portanto, isto não foi considerado como reflectindo a inducibilidade (Tonkova, 2006).

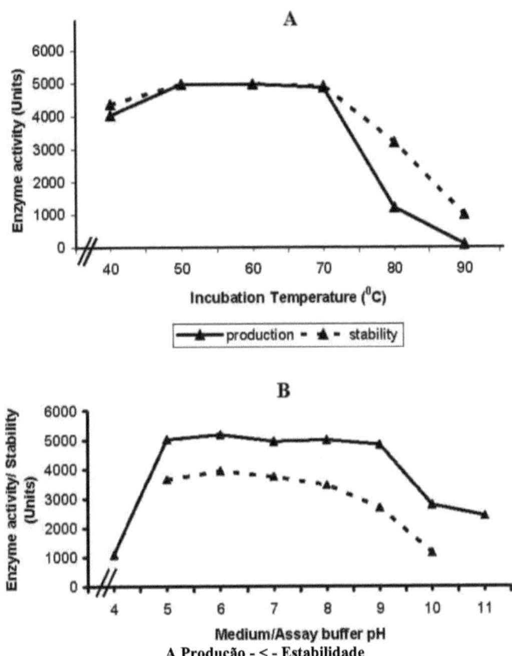

Figura 4.19. Efeito da temperatura (A) e do pH (B) na produção e estabilidade da a-amilase por Б. *subtilis* estirpe CM3

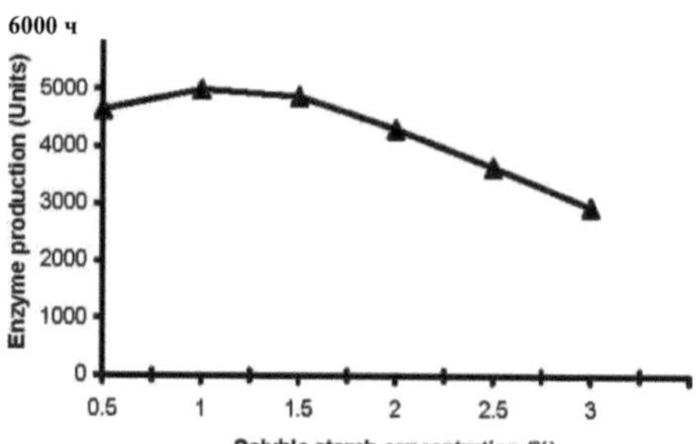

Figura 4.20. Efeito da concentração de amido solúvel (%) na produção de ex-amilase pela estirpe *B. subtilis* CM3

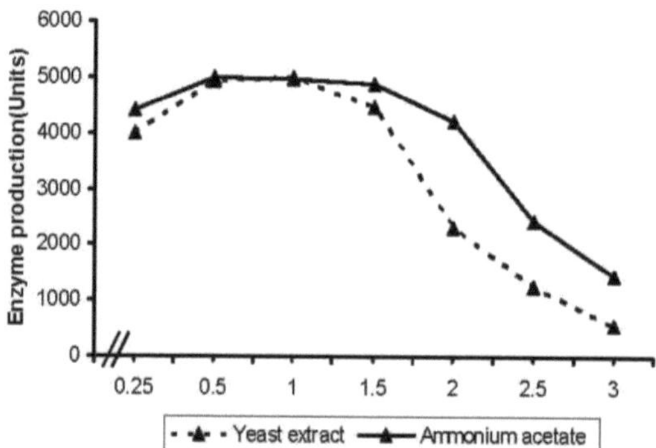

Figura 4.21. Efeito de diferentes concentrações (%) de extracto de levedura e acetato de amónio na produção de a-amilase pela estirpe *B. subtilis* CM3

4.10.1. 3.1.5. Fontes N2

A produção de enzimas era mais em meio constituído por fontes de azoto orgânico, ou seja, peptona, extracto de levedura, extracto de carne de bovino, etc., em comparação com fontes de azoto inorgânico (o acetato de amónio foi a excepção) **(Quadro 4.14.)**. A produção enzimática aumentou constantemente com o aumento das concentrações de extracto de levedura e acetato de amónio até 1%, para além do que houve um declínio constante **(Figura 4.21)**. Além disso, a actividade enzimática inibiu (78,1-97,5 %) a ureia, cloreto de amónio e sulfato de amónio ao nível de 1%. Resultados semelhantes foram obtidos no caso de outros *Bacillus* spp., i.e. *B. licheniformis* (Aiyer, 2004), *B. subtilis* (Haq *et al.*, 2002) e *B. thermooleovorans* (Narang e Satyanrayan, 2001). Além disso, não houve variações significativas no rendimento enzimático entre as fontes de azoto orgânico (extracto de bovino, peptona, extracto de levedura, etc.) incorporado ao nível de 1% no meio basal. Resultados semelhantes foram relatados para *B. thermooleovorans* (Malhotra *et al.*, 2000), *B. stearothermophilus* (Davies *et cd.*, 1980) e *B. amyloliquefacie ns* (Babu e Satyanarayana, 1993). A concentração de extracto de levedura ou acetato de amónio foi também crítica para a obtenção do máximo rendimento enzimático. Os níveis enzimáticos eram elevados a 0,5-1,0% e diminuíram acentuadamente em seguida, tal como se obteve no caso de *B. coagulans* (Malohotra *et al.*, 2005). O declínio na produção de amilase a um nível de azoto aumentado poderia ser devido à diminuição do pH do meio de produção ou à indução de protease, que suprime a actividade amilolítica (Tonkova, 2006). É geralmente conhecido que os tensioactivos aumentam frequentemente a secreção e produção enzimática (Ray *et al.*, 1990) mas a explicação de como actuam para aumentar o rendimento enzimático é em grande parte conjectural (Reese e Maguire, 1969).

Quadro 4.14. Efeito de diferentes fontes de carbono (amidos e açúcares) e fontes de azoto (inorgânico e orgânico) na produção de a-amilase por K *subtilis* cepa CM3

Fontes de carbono	Produção enzimática (Unidades)	Fontes de nitrogénio	Produção enzimática (Unidades)
Amido solúvel	4870.50 ±103.4	Peptone	4865.23 ±106.2
Fécula de batata	4970.50 ±098.0	Casein	4462.00 ±093.23
Fécula de batata-doce	4923.50 ±121.1	Extracto de malte	1088.23 ±065.2
Amido de mandioca	4923.50 ± 110.4	Extracto de levedura	4918.56 ± 121.0
Farinha de trigo	4970.50 ±103.4	Extracto de carne de bovino	4491.13 ± 095.2
Glucose	4970.50 ±087.2	Asparagina	4751.56 ±103.6
Frutose	4978.54 ±056.6	Glycine	4311.00 ± 056.3
Maltose	4976.20 ±00.0	Cloreto de amónio	857.00 ± 103.2
Lactose	4967.81 ± 121.3	Sulfato de amónio	1065.15 ± 069.6
Sacarose	4957.08 ± 103.2	Ureia	107.50 ±106.5
		Acetato de amónio	4938.32± 103.2

O número de réplicas para cada tratamento é de 3

± Desvios padrão

4.10.1. 3.1.5. Surfactantes

A produção de amilase aumentou no meio de cultura devido à adição de tensioactivos (0,02%) tais como Tween 20, Tween 40, Tween 80 e sulfato de louro de sódio em comparação com o meio sem tensioactivos (controlo) **(Tabela 4.15.).** É geralmente conhecido que os tensioactivos aumentam frequentemente a secreção e produção enzimática (Ray *et al.*, 1990). Neste estudo, a aplicação de vários tensioactivos (0,02%) aumentou a actividade da amilase (2- 15%) sobre o controlo (sem tensioactivo). O aumento da acumulação enzimática pode ser devido ao aumento da permeabilidade da membrana celular (Rao e Satyanarayana, 2003). Resultados semelhantes foram encontrados para a produção de a-amilase noutros microrganismos, i.e. *Thermomyces lanuginosus* (Amesen *et al.*, 1998); *Bacillus circulans* (Patil andBabrjee, 2001), etc.

4.10.1.3.1.6. Ca2+ion

A adição de ião Ca2+ (10, 20,30 e 40mM) não teve qualquer efeito significativo (aumento ou diminuição) na produção de a- amilase. A produção de enzimas estava na gama de 4965 - 5011 Unidades em meio com ou sem íon Ca2+ **(Tabela 4.15).** Para a produção e estabilidade da amilase de muitos *Bacillus* spp., a adição de ião Ca2+ é frequentemente necessária (Tonkova, 1991, 2006). Neste estudo, a adição de Ca2+ não teve qualquer efeito na actividade enzimática. Ca2+ a- amilase independente de *Bacillus* spp. foram relatados por vários autores (Malhotra *et cd.*, 2000; Kumar *et cd.*, 1990; Manio *et al.*, 1999). Ca2+ amilase independente merece consideração pela liquefacção do amido, especialmente no fabrico de xarope de frutose, onde Ca2+ é um conhecido inibidor da isomerase da glucose (Tonkova, 2006).

Em resumo, os parâmetros óptimos, nomeadamente período de incubação (36h), pH (5,0 - 9,0), temperatura (50° - 70°C), fonte de carbono (amido solúvel e frutose), fontes N2 (extracto de levedura e acetato de amónio) e surfactante (Tween 40) foram essenciais para maximizar a produção de a-amilase na fermentação submersa. A adição de Ca2+ não teve qualquer efeito na produção de enzimas.

Quadro 4.15. Efeito de diferentes tensioactivos na produção de a-amilase por *B. subtilis* strainCM3

Fontes surfactantes	Produção enzimática (Unidades)
Controlo	4756.00 ±080.0
Tween 20	5291.66 ±103.2
Tween 40	5416.66 ±065.3
Tween 80	5104.16± 110.5
EDTA	4833.33 ±109.5
Sulfato de laurilo de sódio	5020.83 ± 102.0

O número de réplicas para cada tratamento é de 3

± Desvios padrão

4.10.1.4. Produção de ct-amilase em fermentadores à escala laboratorial usando *B. subtilis*

CM3

Quando a estirpe *B. subtilis* CM3 foi cultivada num fermentador de laboratório, o pico de

actividade (4685 Unidades) foi obtido às 36h, o que foi semelhante às culturas de agitação (4487

Unidades) **(Figura 4.20)** enquanto que a densidade celular atingida no fermentador (2,53 a 600

nm) foi um pouco semelhante à dos frascos de agitação (2,49 a 600 nm). As condições ambientais

de controlo são críticas para se conseguir uma maior concentração ou rendimento de qualquer

produto microbiano. Uma vez que a estirpe *B. subtilis* CM3 podia crescer e produzir a-amilase

numa vasta gama de pH (5,0 - 8,0), esta poderia ser a razão para não obter um rendimento mais

elevado na cultura do fermentor.

4.10.1.5. Purificação da a- amilase

a-Amilase foi parcialmente purificada com fraccionamento de sulfato de amónio. O

extracto bruto continha 327,23 mg/ ml de proteína e mostrou uma actividade específica de 14,53

unidades/ mg de proteína. Após a purificação parcial, a actividade específica aumentou para 39,61

Unidades/mg de proteínas com um rendimento de 19 % e purificação tripla. Os detalhes das etapas

de purificação são apresentados no Quadro 4.16. Estudos electroforéticos mostraram que havia

duas isozimas da a-amilase (Al e AH) e os pesos moleculares das isozimas parcialmente

purificadas eram aproximadamente 18.000 ± 1000 e 43.000 ± 1000 Da, respectivamente (Figura

4.21). Houve grandes variações na massa molecular da amilase de diferentes *Bacillus* spp, ou seja,

B. coagulans e *B. subtilis* (42.800 - 67.000 Da) (Babu e Satyanarayana, 1993; Ozcan *et cd.*, 2001;

Das *et cd.*, 2004); *Bacillus* spp. (97.000 Da) (Kim *et al.*, 1995). Num estudo recente, Najafi *et cd.*,

(2005) relatou que a massa molecular de ct-amilase por uma estirpe de *B. subtilis* AX20 era de

14,9 к Da.

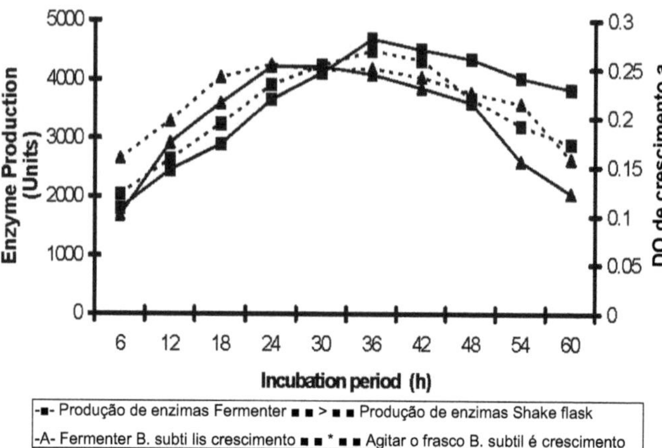

Figura 4.20. Produção enzimática e crescimento da estirpe *B. subtilis* CM3 em fermentadores de laboratório e culturas de agitação de frascos

Quadro 4.16. Purificação da a-amilase a partir da estirpe *B. subtilis* CM3

Etapas de purificação	Volume (ml)	Actividade enzimática total	Proteína total (mg)	Yield (%)	Actividade específica (Unidades/ mg de	Dobra de Purificação
Filtrado de cultura	100	475600	32723	100	14.53	1
Ammonium sulfato	15	90000	2272	19.0	39.61	3

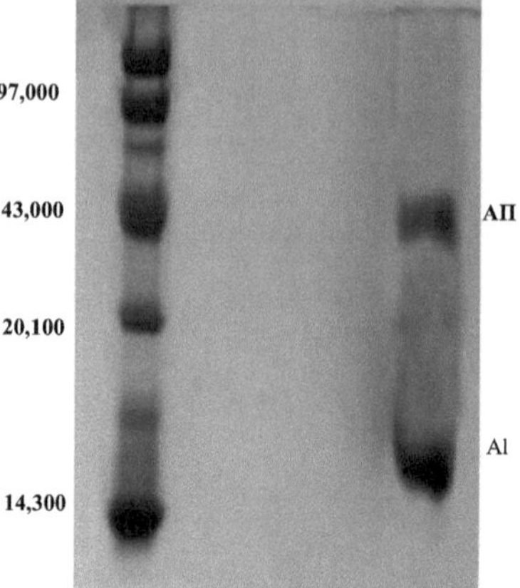

Figura 4.21. Determinação do peso molecular por SDS-PAGE. (A) marcadores de peso molecular: (97,000-14,300 Da) (B) a-amilase(s) Al e All da estirpe *B. subtilis* CM3

4.10.2.   SSF para produção de a- amilase

SSF é definido como o cultivo de microrganismos em suporte de solo húmido, quer em suportes inertes ou insolúveis, que podem ser utilizados como fontes de carbono e energia. O SSF ocorre na ausência ou quase ausência em água livre, aproximando-se assim do ambiente natural ao qual os microrganismos estão adaptados (Holker *et al.*, 2004). O objectivo do SSF é levar os microorganismos cultivados a um contacto estreito com o substrato insolúvel e assim alcançar a maior concentração de substrato durante a fermentação.

Esta experiência é realizada para investigar a produção de a-amilase em SSF usando CFR e optimização dos parâmetros de fermentação [período de incubação, pH médio inicial, capacidade de retenção de humidade (MHC) e temperatura de incubação] através da aplicação da metodologia de superfície de resposta (RSM).

O RSM pode ser utilizado para ultrapassar uma série de problemas de optimização de processos. Além disso, esta técnica pode ser utilizada para determinar as condições óptimas de um determinado procedimento (He *et al.*, 2005). Apesar do poder da técnica, em última análise, é o modelo experimental que tem maior influência sobre a precisão preditiva.

4.10.2.1. Inoculum e meio de produção

O inóculo foi preparado pelo método descrito na secção 3.4.3. 2. A a-amilase foi realizada em garrafa de Roux contendo 20 g de CFR. A CFR foi humidificada com 27 ml de água destilada contendo 1% de peptona (Fonte N2) para fornecer 70% de MHC. Uma optimização adicional do período de incubação, pH médio inicial, MHC e temperatura foi levada a cabo através da utilização de RSM.

4.10.2.2. Optimização do período de incubação, pH, MHC e temperatura através da aplicação da MSE

O resultado da experiência de desenho central composto (CCD) para estudar o efeito de quatro variáveis de fermentação independentes (período de incubação, pH médio inicial, MHC e temperatura) são apresentados juntamente com a resposta média prevista e observada no **Quadro 4.17.** As equações de regressão obtidas após a ANOVA deram o nível de produção de a- amilase em função dos valores iniciais do período de incubação, pH, MHC e temperatura. A equação de resposta final que representou um modelo adequado para a produção de a- amilase é dada abaixo:

$$Y = 79{,}91 + 0{,}64\ A + 1{,}64\ B + 1{,}04\ C + 2{,}11\ D - 6{,}74\ A2 - 2{,}05\ B2 - 2{,}05\ C2 - 7{,}89\ D2 +$$
$$0{,}033\ AB - 0{,}020\ AC + 0{,}026\ BC - 0{,}018\ AD - 0{,}056\ BD - 0{,}064\ CD$$

Onde Y é produção de enzimas, A é período de incubação (dias), B é pH médio inicial, C é MHC (%) e D é temperatura (°C).

O coeficiente de determinação (R2) foi calculado como 0,9587 para a produção de a- amilase **(Quadro 4.18.)**, indicando que o modelo estatístico pode explicar 95,87% de variabilidade na resposta. O valor de R2 está sempre entre 0 e 1. Quanto mais próximo o R2 estiver de 1,0, mais forte o modelo e melhor ele prevê a resposta (Rao e Satyanarayana, 2003). Foi registada uma precisão adequada de 17.850 para *a* produção de *a*- amilase. O R2 previsto é de 0,7646 em acordo razoável com o R2 ajustado de 0,9202. Isto indicou um bom acordo entre o valor experimental e o valor previsto para a produção de a- amilase.

Quadro 4.17. Metodologia desenho e resultado do CCD da superfície de resposta experimental

Std	Um período de incubação (dias)	B pH	C Capacidade de retenção de humidade (%)	D T emperatura (°C)	Produção enzimática (U/gds)	
					Previsto	Experimental
1	-1	-1	-1	-1	3232	3039
2	1	-1	-1	-1	3375	2992
3	-1	1	-1	-1	3610	3613
4	1	1	-1	-1	3785	3613
5	-1	-1	1	-1	3500	3340
6	1	-1	1	-1	3631	3293
7	-1	1	1	-1	3890	3962
8	1	1	1	-1	4033	3915
9	-1	-1	-1	1	3716	3502
10	1	-1	-1	1	3847	3455
11	-1	1	-1	1	4106	4123
12	1	1	-1	1	4248	4076
13	-1	-1	1	1	3972	3803
14	1	-1	1	1	4091	3756
15	-1	1	1	1	4374	4425
16	1	1	1	1	4505	4378
17	-a	0	0	0	2812	2543
18	a	0	0	0	3630	3529
19	0	-a	0	0	4980	5809
20	0	a	0	0	5702	5722
21	0	0	-a	0	5402	5254
22	0	0	a	0	5398	5598
23	0	0	0	-a	2150	2057
24	0	0	0	a	3328	3052
25	0	0	0	0	6386	6462
26	0	0	0	0	6386	6430
27	0	0	0	0	6386	6380
28	0	0	0	0	6386	6480
29	0	0	0	0	6386	6256
30	0	0	0	0	6386	6311

Quadro 4.18. ANOVA para produção de a- amilase em fermentação no estado sólido

FonteSoma de Praças		Grau deValor do valor doeanF-Valuep freedomSquare			
Modelo1387	.73	14200	.1524	.890	.0001
Erro Puro 1.54			50.31		
Total2922	,65	29			

R2	0.9587
R2 Ajustado	0.9202
Predito R2	0.7646
Precisão Adequada	17.850
Falta de valor de F- Fit	38.78

O modelo F- valor de 24,89 e valores de "prob> F" inferiores a 0,05 indicam que os termos do modelo são significativos. Para a- produção de amilase B, D, A^2, B^2 C2 e D2 são modelos significativos. A "falta de ajuste F- valor" de 38,78 implicou que a "falta de ajuste" é significativa.

A superfície de resposta foi gerada traçando a resposta (produção de a- amilase) no eixo z contra quaisquer duas variáveis independentes, mantendo outras variáveis independentes ao nível zero. Assim, foram obtidas seis superfícies de resposta, considerando todas as combinações possíveis. Figura 4.22. Um diagrama tridimensional e um gráfico de contorno da superfície de resposta calculada a partir da interacção entre o período de incubação e o pH, mantendo simultaneamente as outras duas variáveis (MHC e temperatura) ao nível 'O'. Foi observado um aumento linear na produção de a- amilase quando o período de incubação foi aumentado até 6 dias, e depois disso, diminuiu. No caso de pH médio a- produção de a- amilase aumentou até pH 8,0, e depois diminuiu. Quando o nível de MHC (%) aumentou de 40 a 70 %, registou-se um aumento linear na produção de a- amilase até ao sexto dia, e depois declinou **(Figura 4.22. B).** A resposta entre o período de incubação e a temperatura indicou que a temperatura a 50°C era óptima com 6 dias de incubação para a produção de *a*- amilase (Figura 4.22. C). A superfície de resposta foi utilizada principalmente para descobrir a óptica das variáveis para as quais a resposta foi maximizada. Uma interacção entre os dois parâmetros restantes (MHC e temperatura) **(Figura 4.22. D)** sugeriu uma pequena diferença em relação às respostas anteriores. **Figura 4.22. E e F** representavam o diagrama tridimensional e as parcelas de contorno da superfície de resposta calculada a partir da interacção entre MHC e pH, temperatura e pH, respectivamente. Os seis gráficos de contorno provaram a importância da resposta anterior, ou seja, período de incubação com pH, período de incubação com MHC, período de incubação com temperatura, MHC com temperatura, pH com MHC e pH com temperatura **(Figura 4.23. A, B, C, D, E e F).** Assim, o período de incubação (6 dias), o pH médio inicial (8,0), MHC (70%) e a temperatura (50°C) foram adequados para atingir o título máximo da enzima (6462 U/gds), como se mostra na **Tabela 4.17.**

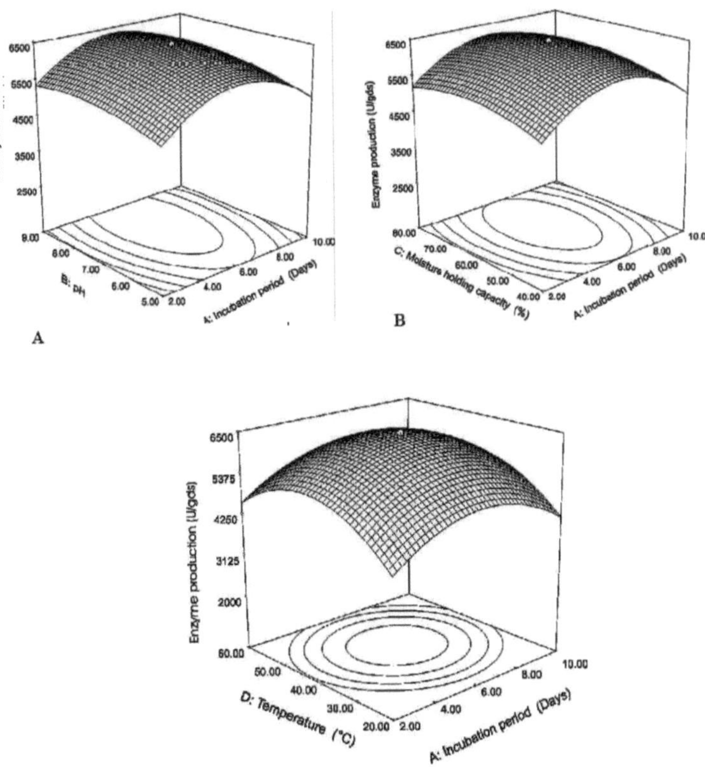

Figura 4.22. (A, B, C) Optimização estatística da produção enzimática utilizando MSE, A: período de incubação B: pH; C: capacidade de retenção de humidade e D: temperatura

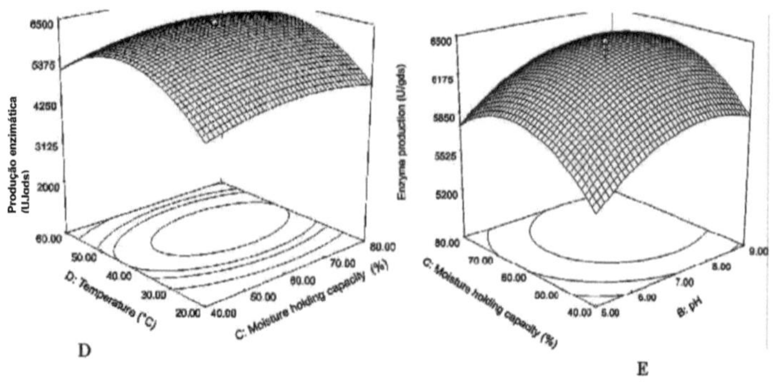

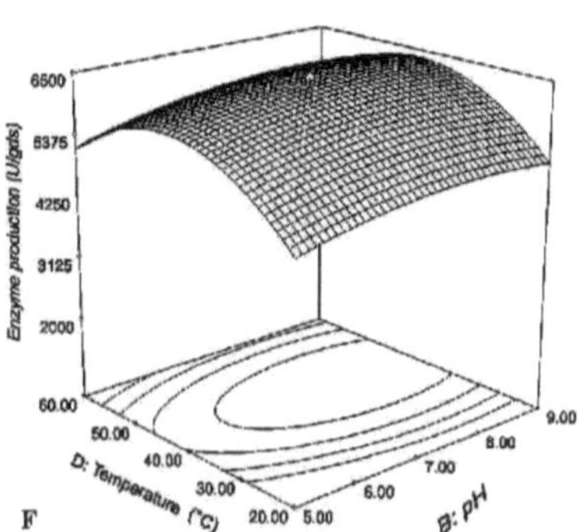

Figura 4.22. (D, E, F) Optimização estatística da produção enzimática utilizando MSE, A: período de incubação B: pH; C: capacidade de retenção de humidade e D: temperatura

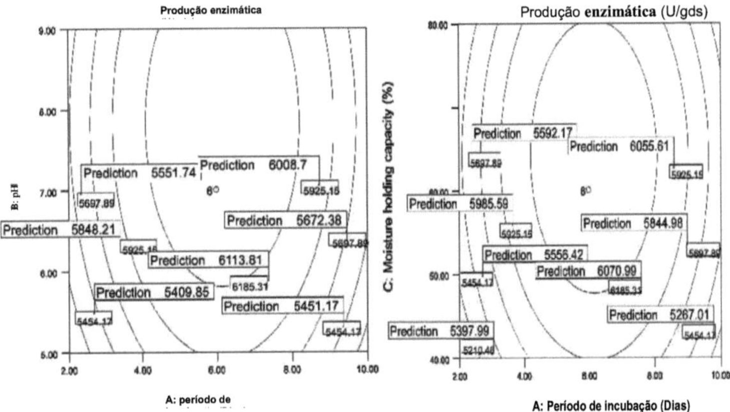

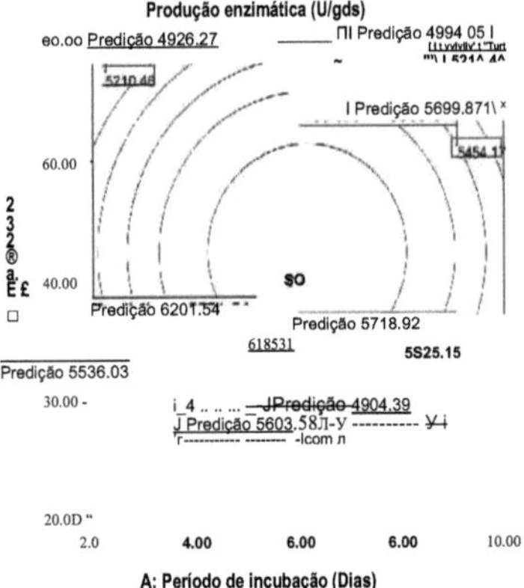

Figura 4.23. Traçado do efeito de, A: pH e período de incubação; B: período de incubação e capacidade de retenção de humidade; C: período de incubação e temperatura

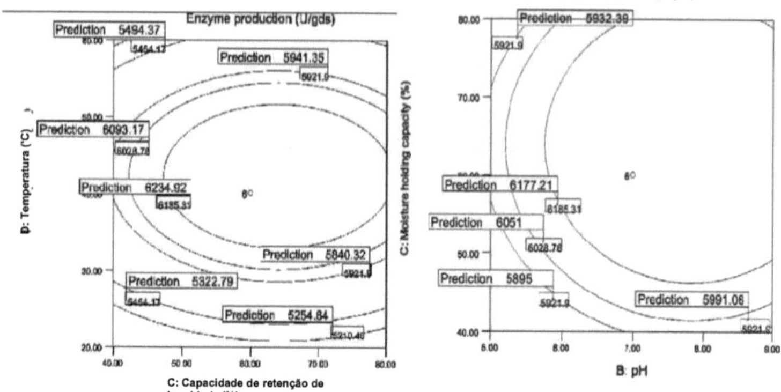

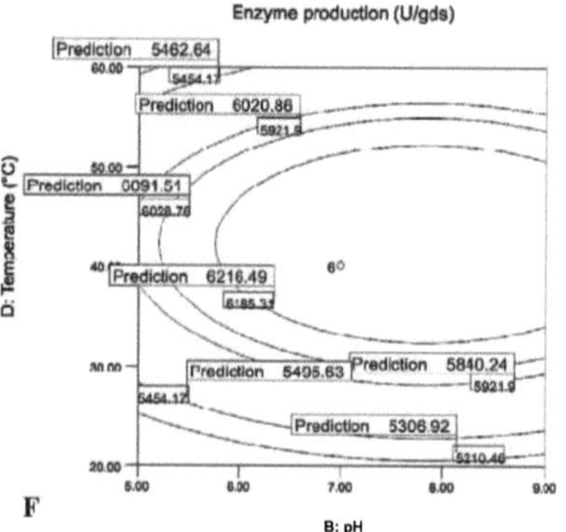

Figura 4.23. Gráfico do efeito de, D: capacidade de retenção de temperatura e humidade; E: pH e capacidade de retenção de humidade e F: temperatura e pH

4.10.2.3. Validação do modelo

A validação foi efectuada em frasco de agitação em condições previstas pelo modelo. Verificou-se que os valores experimentais estavam muito próximos dos valores previstos e, por conseguinte, o modelo foi validado com sucesso. A validação do modelo estatístico e da equação de regressão foi realizada tomando A (6 dias), B (8,0), C (70%) e D (50 °C) na experiência. A resposta prevista para a produção de a- amilase foi de 6362 U/gds, enquanto a resposta real (experimental) foi de 6462 U/gds, provando assim a validade.

Em conclusão, um período de incubação de 6 dias, pH médio inicial de 8, MHC de 70% e temperatura de 50°C foram os principais factores que influenciaram a produção de a-amilase.

4.11. PRODUÇÃO DE EXO- POLIGALACTURONASE POR *B. SUBTILIS* CM5

A pectina é um polissacárido estrutural encontrado na parede celular primária e na lamela média de frutas e vegetais. A estrutura predominante da pectina é homo polímeros de adição poli-ct-(l,4)-glucorónica metilada primária. A pectina pode também conter resíduos de ácido D-galacturónico, D-apiose, D-xilose e L-frutose ligados à secção de ácido poli-a (1,4)-D-galacturónico (Perez *et al.*, 2003).

As enzimas que hidrolisam as substâncias pecticas são conhecidas como enzimas pecticas, pectinases ou enzimas pectinolíticas. As enzimas pectinolíticas hidrolisam ou lisam as substâncias pécticas em diferentes mecanismos de reacção, preferência de substrato e padrões de acção. São amplamente designadas como pectinases, que incluem poligalacturonase, pectina esterase e pectine lyase, nomeadas com base no seu modo de acção (Singh *et al.*, 1999). Entre as despolimerases, a exopoligalacturonase (exo-PG) (EC 3.2.1.67.) é a principal enzima com função hidrolítica. A exo-PG é amplamente utilizada nas indústrias alimentares no processamento de frutas e vegetais (Patil e Dayanand, 2006) que facilita a maceração, liquefacção, extracção, clarificação e processos de filtração de sumos de frutas ou vegetais (Dosanjh e Hoondal, 1996). As pectinases são também utilizadas no processamento industrial de vinho, café e fermentação de chá (Guadalupe *et al.*, 2008)

As estirpes bacterianas a serem estudadas para a produção de PG são *Bacillus* sp. (Kapoor e Kuhad, 2002), *Burkhloderia cepacia* (Massa *et al.*, 2007) e *Erwinia carotovora* (Pickersgill *et al.*, 1998). No presente estudo, foi feita uma tentativa de padronizar a produção de exo-PG por *B. subtilis* em fermentação submersa e em estado sólido.

147

4.11.1. Fermentação submersa

4.11.1.1. Rastreio de *K subtilis* para maior produção de exo- PG

8. As estirpes *subtilis* (CM1- CM5) foram cultivadas em meio basal (g/1 de água destilada: pectina pura, 5,0; peptona, 3,0; K2HPO4, 0,6; KH2PO4, 0,2; MgSO47H2O, 0,1 e pH ajustado a 7,0 antes da autoclavagem), incubadas em agitação (150 rpm) a 50 °C durante 36h num agitador orbital - incubadora. Dependendo da capacidade de produção de pectinase (exo-PG), *B. subtilis* CM5 foi considerada a mais eficiente e esta estirpe foi escolhida para a produção de exo-PG.

4.11.1.2. Produção de exo-PG

Na produção de exo-PG, foram estudados vários parâmetros de cultura (período de incubação, pH médio, temperatura, fontes N2).

4.11.1.2.1. Período de incubação

Exo-PG por *B. subtilis* CM 5 estudada na fase de registo e a produção máxima de enzimas foi alcançada durante a fase estacionária (36 h) do organismo (Figura 4.24.). As condições culturais têm uma influência parcial na produção de exo-PG. A produção enzimática foi máxima quando a população celular entrou na fase estacionária de crescimento. Foram relatadas descobertas semelhantes para a produção de outras enzimas tais como a-amilase por *Bacillus* spp. i.e. *B. amyloliquefaciens, B. brevis* e *B. subtilis* (Najifi *et al.*, 2005; Gangadharan *et al.*, 2006).

4.11.1.2.2. pH

O pH óptimo para a produção exo-PG e estabilidade foram 7,0 e 6,0- 8,0, respectivamente (Figura 4,25.). A maior actividade específica da enzima foi 78 (unidades /mg de proteína) a pH 7,0. Mas verificou-se que o crescimento bacteriano era mais ou menos estático entre pH 6,0-8,0 (Figura 4,25). Resultado semelhante foi encontrado para microrganismos termoestáveis produtores de PG, i.e. *Bacillus* spp. (Kobayashi *et cd.*, 1999), *Sporotrichum thermophile* (Kaur *et cd.*, 2004) e *Sterptomyces* sp. QG 11- 3 (Beg *et cd.*, 2000).

4.11.1.2.3. Temperatura

8. subtilis CM5 produziu exo-PG à temperatura de crescimento a 50°C **(Figura 4.26).** Viena a enzima bruta foi aquecida a 60°C durante 30 min, 80% da actividade original foi perdida e incubada a 70°C durante 30 min, a actividade da enzima foi zero. Contudo, o crescimento bacteriano máximo foi observado à temperatura de 40°C (Figura 4.26). Gupta *et al.*, (2007) reportaram um resultado semelhante para a produção de exo-PG a partir de *B. subtilis*

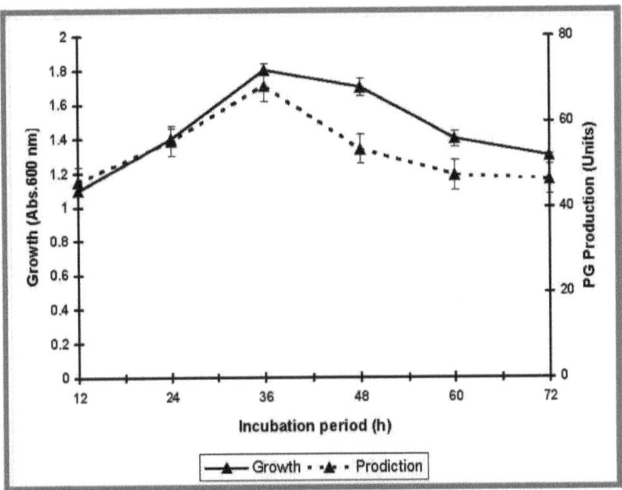

Figura 4.24. Efeito do período de incubação no crescimento (Abs. eoonm) e produção de exo-PG por *B. subtilis* CM5 incubada a 50°C sob condição de agitação (150 rpm). Número de réplicas para cada tratamento =3. LSD entre tratamentos ao nível de 0,05% é 6,82.

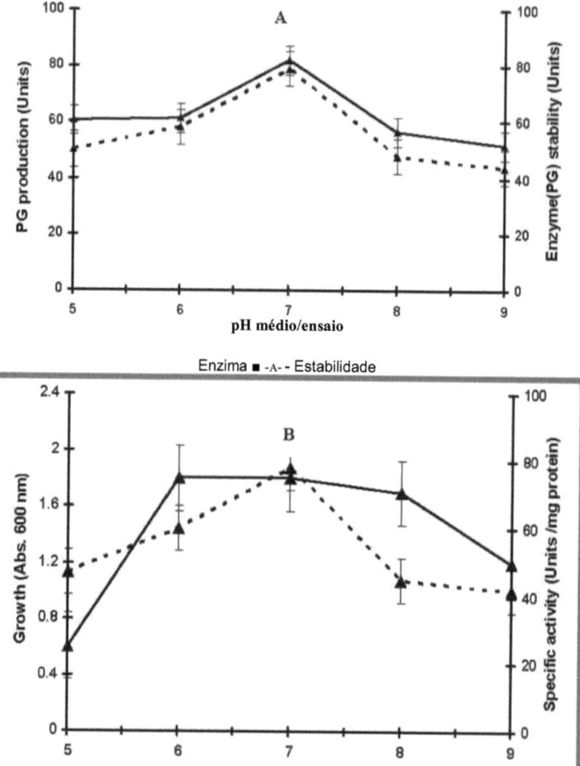

Figura 4.25. Efeito do pH do meio de cultura na produção de exo-PG por *B. subtilis* CM5 incubado a 50°C durante 36 h sob condição de agitação (150 rpm). (A) Produção e estabilidade enzimática; (B) crescimento (Abs. eoonm) e actividade específica. Número de réplicas para cada tratamento =3. LSD entre tratamentos ao nível de 0,05% é 4,38

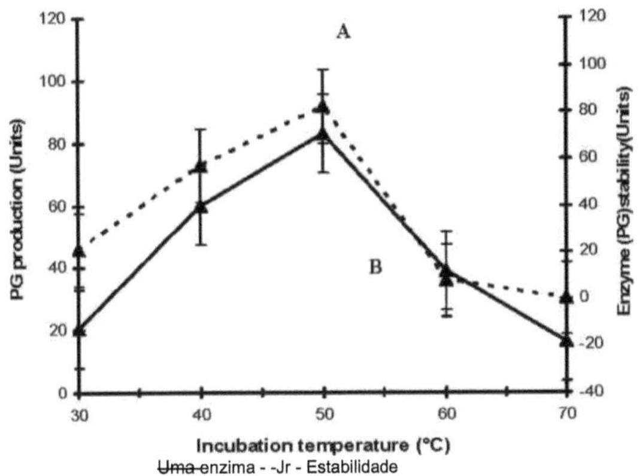

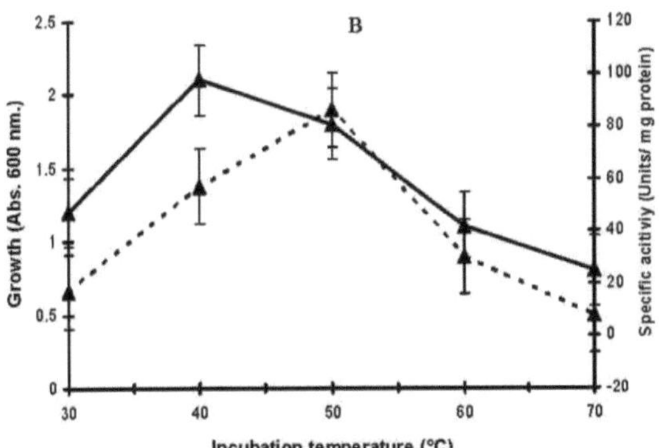

Figura 4.26. Efeito da temperatura de incubação (°C) na produção de exo-PG por *B. subtilis* CM5 incubada a pH 7,0 durante 36 h sob condição de agitação (150 rpm). (A) Produção e estabilidade enzimática; (B) Crescimento de (Abs. eoonm) e actividade específica. Número de réplicas para cada tratamento =3. LSD entre tratamentos ao nível de 0,05% é 5,69

4.11.1.2.4. N2source

A produção de Exo-PG era mais em meio contendo peptona em comparação com outras fontes de azoto e a menor produção foi observada com adição quer de cloreto de amónio quer de ureia **(Figura 4.27.)**. Fontes orgânicas de azoto (peptona, extracto de levedura e extracto de carne bovina) suportaram uma maior produção de amilase por vários *Bacillus* spp. (Ray *et al.,*

151

2008). A este respeito, o resultado actual mostrando a peptona como as fontes de azoto adequadas para a produção de PG está de acordo com as, descobertas de *a*- amilase.

Em resumo, os parâmetros óptimos, ou seja, período de incubação (36 h), pH (7,0), temperatura (50°C), fontes N (peptona) foram essenciais para maximizar a produção de exo - PG por *B. subtilis* em fermentação submersa.

4.11.1.3. Purificação do exo-PG

O Exo-PG foi parcialmente purificado utilizando o fraccionamento de sulfato de amónio. Os extractos brutos contêm 36,76 mg/ml de proteína e mostraram uma actividade específica de 2,26 Unidades/mg de proteína. Após a purificação, a actividade específica aumentou para 7,92 Unidades/mg de proteína com um rendimento de 17,0% e 3,5 dobras de purificação (Tabela 4.19.). Estudos electroforéticos mostraram que havia uma única forma de exo-PG e a massa molecular da enzima parcialmente purificada era de aproximadamente 56 к Da **(Figura 4.28.).** Houve grandes variações nas massas moleculares i.e. *Bacillus* spp. (20.3 к Da) (Kobayashi *et cd.,* 1999), *Aspergillus japonicum* (38 e 65 kDa) (Semenova *et al.,* 2003), *Thermotoga maritime* (151.2 kDa) (Kluskens *et al.,* 2003), etc. O presente relatório (56 kDa) é apenas mais uma variação.

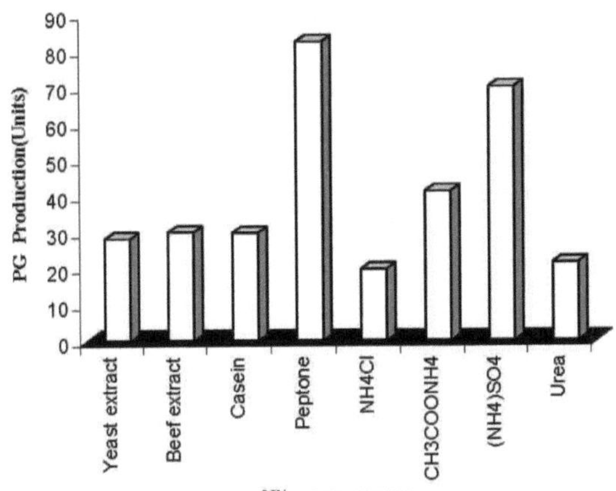

Figura 4.27. Efeito das fontes de azoto na produção de exo-PG por *B. subtilis* CM5.Número de réplicas para cada tratamento =3. LSD entre tratamentos ao nível de 0,05% é 11,64

Quadro 4.19. Purificação de exo-PG da estirpe CM5 de *B. subtilis*

Passos de purificação	Volume (ml)	Actividade enzimática total (Unidades)	Proteína total (mg)	Rendimento (%)	Actividade específica (Unidades/mg de	Dobra de Purificação
Filtrado de cultura	100	830.7	36.76	100	2.26	1
Sulfato de amónio	15	90	2.16	17.0	7.92	3.5

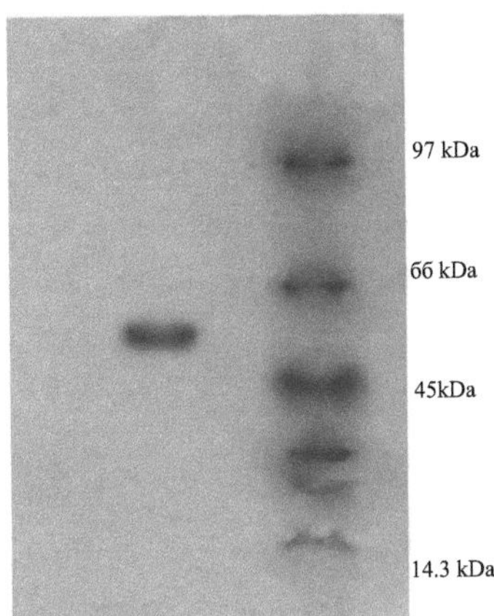

4.11.1.4. Produção de Exo-PG em fermentação à escala laboratorial

Quando *B. subtilis* estirpes CM 5 foi cultivada em fermentação de laboratório ou, o pico de actividade de 103 Unidades foi obtido às 36h, o que foi 25,6% mais alto em comparação com a cultura de balão (82 Unidades). Enquanto a densidade celular foi avaliada no fermentador (2,9, Abs 600 nm), foi quase semelhante à da cultura de agitação (2,6, Abs 600 nm). As condições ambientais de controlo (pH, aeração, temperatura e agitação) são críticas para se conseguir uma maior concentração de qualquer produto microbiano durante a fermentação. Esta pode ser a razão para obter uma maior produção de PG no fermentador onde o pH (7,0), temperatura (50°C), aeração (1 v/v/v) e agitação (150 rpm) foram consistentemente mantidos em comparação com a cultura de agitação em frascos.

4.11.1.5. Aplicação de exo- PG

As raízes de cenoura limpas e frescas foram cortadas e moídas até obterem uma polpa fina. A polpa de 20 gm foi misturada com água esterilizada e com exo-PG ou pectinase comercial (Pectinex ®) como descrito em Materiais e Métodos (Secção 3.6.1.5.). O rendimento do sumo de cenoura foi 70 e 95% mais em amostras tratadas com Pectinex® e *B. subtilis* PG, respectivamente sobre controlo (sem tratamento enzimático) após 8h de incubação (Figura 4.29.). Outros estudos preliminares tinham mostrado que um período de incubação óptimo de 8h dava o rendimento máximo de sumo de cenoura. Períodos de incubação de 4-8 h e 2-16 11 foram considerados óptimos para extracção e clarificação de sumo, respectivamente de maçã, pêra e uva (Kashyap *et al.*, 2001; Kaur *et al.* 2004). A aplicação de *B. subtilis* PG foi superior (13,3% mais produção de sumo) em comparação com o tratamento de Pectinex®. Este maior rendimento de sumo pode ser devido à acção de um grupo complexo de enzimas termoestáveis (tais como amilase e celulase juntamente com a pectinase). Na secção anterior 4.10.1.2., foi descrito que a estirpe CM 5 de *B. subtilis* produz a- amilase em meio de cultura. Segundo Kuar *et al.* (2004), um aumento no rendimento de banana, uva e

O sumo de maçã foi registado devido ao tratamento de uma mistura de enzimas (pectinex, celulase e xilanase) por *Sporotrichum thermophile* como descrito para o tratamento apenas da pectinase.

No presente estudo, *B. subtilis* CM5 foi obtido a partir de estrume de vaca. Existem provas circunstanciais que demonstram que microrganismos de qualidade alimentar como *Lactobacillus* e *Bifidobacterium* spp. isolados de matérias fecais humanas e infantis (Lauer, 1990; Biavati *et al.*, 2000) foram utilizados na preparação de 'probióticos' (Kimura et al., 1997), iogurte (Haddadin *et al.*, 2004) e leite acidófilo (Perez e Tan, 2006). Além disso, na Índia, uma combinação de estrume de vaca, urina e leite, e coalhada e ghee preparada a partir de leite de vaca, chamada "panchgavya" (cowpathy) é considerada muito sagrada e utilizada em várias aplicações farmacológicas (orais) para seres humanos no tratamento da asma, artrite, doenças gastrointestinais, etc. (Dhama et al., 2005). Portanto, é lógico que a microflora de estrume de vaca pode ser considerada como uma fonte legítima para micróbios destinados a aplicações alimentares (Swain *et al.*, 2006). Além disso, as estirpes de *B. subtilis* estão normalmente associadas à fermentação de cereais (Soni e Sandhu, 1999), leguminosas (Ozaki e Uchimura, 1990; Padmaja e Mathew, 1999) e culturas de raízes como a mandioca e a batata doce (Ray and Ward, 2006) sem causar qualquer toxicidade ou alergenicidade nos seres humanos (Castro *et al.*, 1996; Wang and Fung, 1996). Por conseguinte, presume-se que esta estirpe não deixaria qualquer substância alergénica indesejável no meio de extracção do sumo.

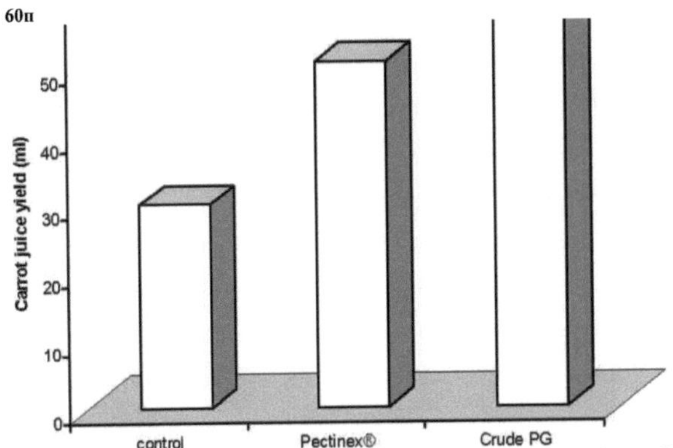

Figura 4.29. Rendimento de sumo de cenoura por aplicação de 2% de Pectinex® e exo-PG bruto de *B. subtilis* CM5

4.11.2.   SSF para produção de exo-PG por *B. subtilis* CMS

4.11.2.1. Optimização do período de incubação, pH, MHC e temperatura através da aplicação da MSE

Os efeitos de quatro variáveis independentes (isto é, período de incubação, pH, MHC e temperatura) para a produção de exo-PG por *B. subtilis* CM 5 no CFR são apresentados juntamente com a resposta prevista e observada no Quadro 4.20. Foi realizada uma análise de regressão para adequar a função de resposta com os dados experimentais. A significância estatística da equação de segunda ordem foi verificada pelo teste F (ANOVA) e os dados são mostrados no Quadro 4.21. O modelo de regressão para a produção de exo-PG foi altamente significativo (p<0,001) com um valor satisfatório do coeficiente de determinação (r2 = 0,9763), indicando que 97,63% da variabilidade da resposta poderia ser explicada pela seguinte equação polinomial de segunda ordem.

$$Y = 228,87 + 6,29\ A + 6,10\ B + 5,38\ B - 7,98\ D + 17,46\ A2 - 17,46\ ^C - 2,06\ ^{B2} - 11,80$$
$$D2 + 0,52\ AB - 0,31\ AC - 0,31\ BC - 0,31\ AD - 0,31\ BD - 0,52\ CD$$

Onde Y é produção enzimática (U/gds), A é período de incubação (dias), B é pH médio inicial, C é MHC (%) e D é temperatura (°C).

O coeficiente de determinação, valor de R2 situa-se sempre entre 0 e 1. Quanto mais próximo o valor de R2 for de 1,0, mais forte o modelo e melhor ele prevê a resposta. Foi registada uma precisão adequada de 16,67 para a produção de exo-PG. O R2 previsto de 0,8665 estava em razoável acordo com o R2 ajustado de 0,9542. Além disso, foi observada uma elevada semelhança entre o resultado previsto e experimental (Tabela 4.20.).

O modelo F- valor de 44,16 e valores de prob > F menos de 0,05 indicava que os termos do modelo eram significativos. Para a produção de exo-PG, os coeficientes de A, B, C, ^{A2}, e AB foram significativos ao nível de 1% mas os termos de interacção (AC, BC, BD e CD) não foram significativos. O período de incubação, pH e MHC tiveram um efeito positivo significativo na produção de exo-PG, enquanto que a temperatura apresentou um efeito negativo.

Quadro 4.20. Desenho experimental e resultado do CCD de resposta superfície metodologia

Std	Um período de incubação (dias)	B pH	c Capacidade de retenção de humidade	D Temperatura (°C)	Produção enzimática (U/gds)	
					Predicted	Experimental
1	-1	-1	-1	-1	170.64	172.45
2	1	-1	-1	-1	180.95	183.38
3	-1	1	-1	-1	183.04	185.63
4	1	1	-1	-1	196.18	195.96
5	-1	-1	1	-1	183.49	186.77
6	1	-1	1	-1	195.07	197.70
7	-1	1	1	-1	193.56	199.35
8	1	1	1	-1	207.18	210.28
9	-1	-1	-1	1	156.37	152.19
10	1	-1	-1	1	167.94	163.13
11	-1	1	-1	1	167.99	164.78
12	1	1	-1	1	181.54	175.71
13	-1	-1	1	1	165.00	166.51
14	1	-1	1	1	177.79	175.20
15	-1	1	1	1	174.92	172.45
16	1	1	1	1	189.00	190.02
17	-a	0	0	0	150.21	142.32
18	a	0	0	0	175.13	172.13
19	0	-a	0	0	138.05	145.23
20	0	a	0	0	165.21	170.00
21	0	0	-a	0	210.21	213.21
22	0	0	a	0	222.21	225.21
23	0	0	0	-a	192.32	185.23
24	0	0	0	a	189.32	175.21
25	0	0	0	0	228.95	229.62
26	0	0	0	0	228.95	230.40
27	0	0	0	0	228.95	228.00
28	0	0	0	0	228.95	231.00
29	0	0	0	0	228.95	227.42
30	0	0	0	0	228.95	226.80

Quadro 4.21. ANOVA para produção de exo-PG em fermentação no estado sólido

Fonte	Soma de Praças	Grau de liberdade	Média Praça	Valor F	p-valor
Modelo	1474.40	14	200.15	44.16	0.0001
Erro Puro	14.58	5	2.92		
Total	1488.98	19			

R2	=	0.9763
R2 Ajustado	=	0.9542
Predito R2	=	0.8665
Precisão Adequada	=	20.88

4.11.2.3. Metodologia de superfície de resposta para a produção máxima de enzimas

Para investigar o efeito interactivo das variáveis sobre a produção de exo-PG, os gráficos de superfície de resposta foram utilizados traçando o efeito de variáveis independentes (período de incubação, pH, MHC e temperatura). Das quatro variáveis, duas foram fixadas a nível zero, enquanto outras duas variaram.

A **figura 4.30 A** representa um diagrama tridimensional e um gráfico de contorno da superfície de resposta calculada a partir da interacção entre o período de incubação e o pH, mantendo as outras variáveis (MHC e temperatura) ao nível zero. O resultado demonstrou que com o aumento do período de incubação e pH até 6 dias e 7,0, respectivamente, a produção enzimática aumentou até 229,87 U/gds e depois diminuiu. **Figura 4.30. B** mostra o efeito do período de incubação e do MHC na produção enzimática, mantendo o pH e a temperatura a nível zero. O gráfico mostra que a produção máxima de exo-PG (229,65 U/gds) ocorreu em MHC de 70% e período de incubação de 6 dias, o que está em conformidade com o modelo. Foi estudada uma interacção entre dois parâmetros, período de incubação e temperatura na produção enzimática, mantendo os dois restantes parâmetros pH e MHC a nível zero **(Figura 4.30. C)**. O gráfico mostra que a produção máxima de exo-PG (229,52 U/gds) ocorreu a uma temperatura de 50 °C e um período de incubação de 6 dias, o que está em conformidade com o modelo. A superfície de resposta foi utilizada principalmente para descobrir a óptica das variáveis para as quais a resposta foi maximizada. Uma interacção entre os dois parâmetros restantes (MHC e temperatura) **(Figura 4.30 D)** não sugeriu qualquer diferença em relação às respostas anteriores. **Figura 4.30. (E e** F) representava o diagrama tridimensional. As seis parcelas de contorno provaram o significado da resposta anterior, ou seja, período de incubação com pH, período de incubação com MHC, período de incubação com temperatura, MHC com temperatura, pH com temperatura, e MHC com pH **(Figura 4.31. A, B, C, D, E e F)**. Assim, o período de incubação (6 dias), o pH médio inicial (7,0), MHC (70 %) e a temperatura (50 °C) foram adequados para atingir o título máximo da enzima (231 U/gds), como mostra a **Tabela 4.20.**

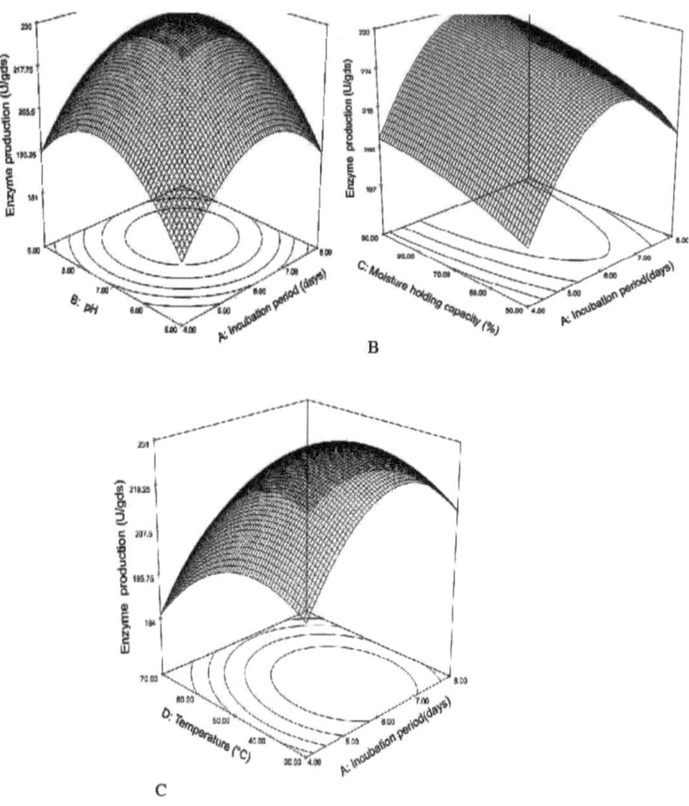

**Figura 4.30. (A, B, C) Optimização estatística da produção enzimática utilizando MSE,
A: período de incubação B: pH; C: capacidade de retenção de humidade
e D: temperatura**

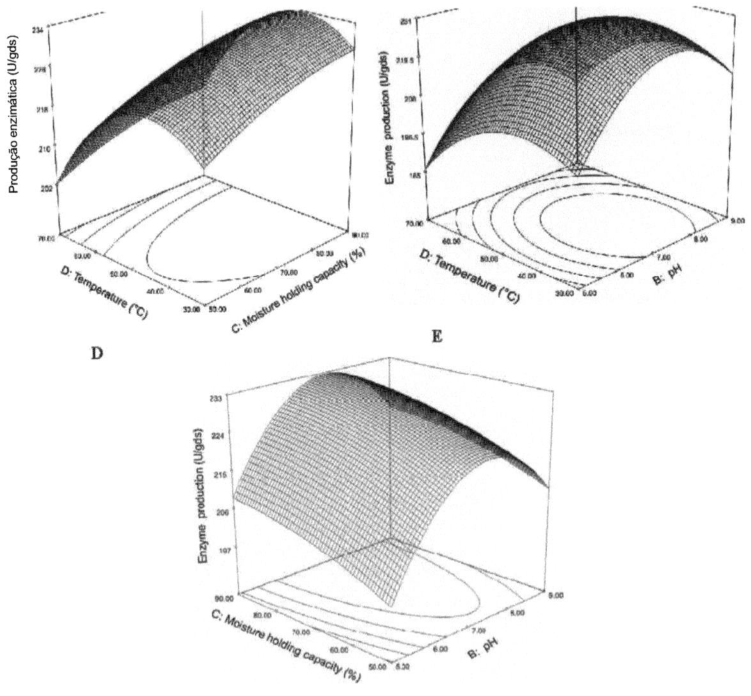

Figura 4.30. (D, E, F) Optimização estatística da produção enzimática utilizando MSE, A: período de incubação B: pH; C: capacidade de retenção de humidade e D: temperatura

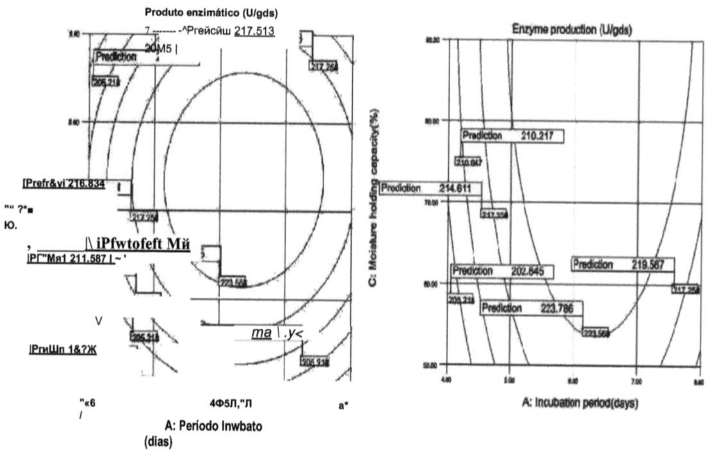

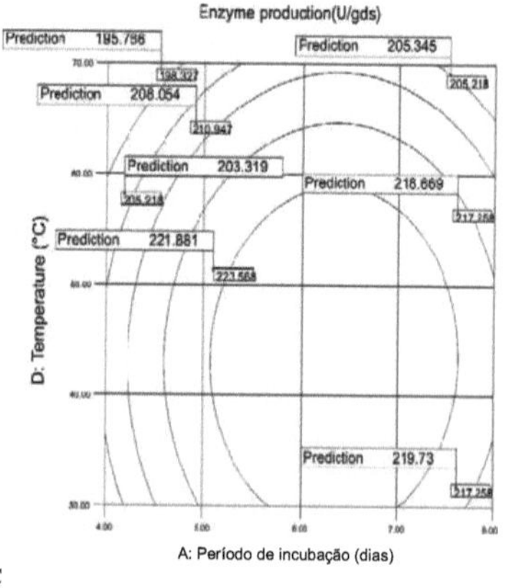

Figura 4.31. Traçado do efeito de, A: pH e período de incubação; B: período de incubação e capacidade de retenção de humidade; C: período de incubação e temperatura de incubação

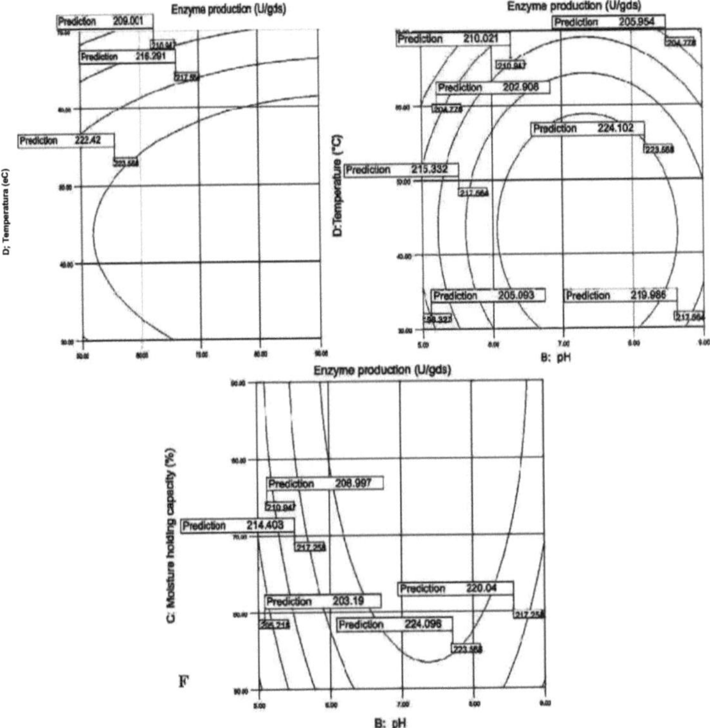

Figura 4.31. Gráfico do efeito de, D: capacidade de retenção de temperatura e humidade; E: pH e temperatura e F: pH e capacidade de retenção de humidade

4.11.3.4. Verificação dos resultados teóricos

Para apoiar os dados optimizados, como dado pela modelação estatística em condições optimizadas, as experiências confirmatórias foram conduzidas com os parâmetros sugeridos pelo modelo (período de incubação, 6 dias; pH 7,0; MHC, 70% e temperatura 50°C). A condição optimizada do processo produziu produção de exo-PG (231 U/gds) que estava mais próxima da produção prevista de exo-PG (229 U/gds) no mesmo ponto óptimo. Neste estudo, um período de incubação (dias), pH (7,0), e temperatura (50°C) foram os principais factores que influenciaram o título enzimático.

Chapter-5
SUMMARY AND CONCLUSION
Photo No.=4480   1µm   Mag= 5.50 K X   BSIP

Capítulo 5. RESUMO E CONCLUSÃO

Cinco estirpes bacterianas (CM1- CM5) foram seleccionadas a partir da microflora de estrume de vaca com base na sua actividade de biocontrolo contra *F. oxysporum* e *B. theobromae* isoladas da podridão pós-colheita do inhame *(D. rotundaia* L.). Estas estirpes foram subsequentemente identificadas como *B. subtilis* com base no exame microscópico, testes bioquímicos e 16S rDNA filogenia no Institute of Life Science, Bhubaneswar, Índia. Das cinco estirpes, CM1 e CM3 mostraram a maior inibição nas zonas (> 1,0 cm) em comparação com outras. As estirpes *B. subtilis* (CM1 e CM3) inibiram o crescimento *in vitro* de fungos, *F. oxysporum* (25-35 %) e *B. thoebromae* (100 %). Do mesmo modo, a estirpe B. *subtilis* CM1 inibiu o crescimento dos agentes patogénicos *in vitro* no caldo de dextrose (PD) de batata a 49,3 e 56,5 %, respectivamente.

A interacção entre *B. subtilis* CM1 e *F. oxysporum* foi também estudada por microscopia electrónica de varrimento. O resultado indicou que *B. subtilis F. oxysporum* mycelium completamente lisado. O estudo estava de acordo com que a estirpe bacteriana produziu enzima lítica (quitinase) em meio líquido contendo quitina coloidal como única fonte de carbono. O estudo *in vivo* também demonstrou que as estirpes de *B. subtilis* inibiram o crescimento de fungos até 83% na cavidade da ferida dos tubérculos de inhame.

Num outro estudo, foi encontrado *F. oxysporum* e *B. theobomae* a produzir ácido oxálico *in vitro* e *in vivo*. A taxa de produção de ácido oxálico foi proporcional ao crescimento fúngico (massa micelial) em meio líquido PD durante 10 dias de período de incubação. Além disso, a co-cultura simultânea de qualquer dos fungos com *B. subtilis* CM1 resultou numa redução de 92% na acumulação de ácido oxálico em comparação com a da cultura do fungo individual. O efeito foi mais proeminente em pH 5,0 - 6,0 do que em pH 7,0 - 8,0. *B. subtilis* CM1 foi capaz de desintoxicar o ácido oxálico, e várias proteínas foram detectadas no filtrado da cultura quando este foi cultivado em peptona - meio de sal mineral contendo ácido oxálico. A análise SDS- PAGE de 70% de fracção de sulfato de amónio do filtrado de cultura mostrou a presença de uma proteína 97kDa predominante.

Para além do biocontrolo, estas estirpes também mostraram outras actividades importantes para a agricultura, tais como a solubilização do fósforo e a produção de ácido acético indole-3 (IAA). As estirpes *B. subtilis* de fosfato tri-cálcico solubilizado a fosfato disponível em meio de cultura e quando cultivadas em solo autoclavado emendado com 1% de fosfato tri-cálcico; a estirpe CM1 mostrou uma actividade marginalmente mais elevada. A solubilização do fosfato tri-cálcico foi associada à actividade da fosfatase na bactéria, particularmente a fosfatase ácida. O solo autoclavado emendado com estrume de vaca (10%) mostrou uma solubilização 25,3 e 12,6% mais elevada da actividade do fósforo (P) e da fosfatase ácida, respectivamente do que o solo autoclavado inoculado com *B. subtilis*. Também a inoculação de *B. subtilis* e a emenda do esterco de vaca mostraram uma maior quantidade de solubilização de P e actividade da fosfatase, tanto na rizosfera como na não rizosfera do feijão de vaca *(Vigna unguiculata* L.) plantado no solo do que aqueles que não foram tratados com nenhum deles. Da mesma forma, o comprimento das raízes, a altura das plantas e a biomassa vegetal das plântulas de feijão de vaca foram mais elevados em solo tratado com bactérias ou com esterco de vaca do que em solo não tratado.

As estirpes (CM1 - CM5) foram investigadas para a produção de IAA em caldo de nutrientes. Todas as estirpes testadas produziram IAA em caldo de nutrientes; embora com uma concentração muito baixa (0,09 -0,37 mg/1). A adição de L-triptofano (0,1-1,0 g/1) no caldo de nutrientes (NB) aumentou substancialmente a produção de IAA (6,1 - 31,5 dobras) indicando que o L-triptofano foi o precursor da biossíntese de IAA por estas estirpes. A produção máxima de IAA foi observada após 8 dias de incubação (em fase estacionária tardia de crescimento bacteriano). A aplicação da suspensão de *B. subtilis* (8 * 10^{9} UFC/ml) na superfície dos miniesets de inhame aumentou o número de rebentos, o comprimento da raiz e do rebento, o peso da raiz e do rebento fresco e a proporção de rebentos sobre os miniesets não tratados com suspensão bacteriana. O tratamento com estrume de vaca fresco de miniesets de inhame também produziu resultados semelhantes aos obtidos com a aplicação de *B. subtilis*.

Para a produção em massa de IAA por estirpe CM5 em fermentação no estado sohd, o bagaço de mandioca foi escolhido como o substrato sohd. O bagaço de mandioca, o resíduo gerado durante a extracção do amido da mandioca é rico em amido residual (52 a 60 %) e menos cinzas (< 1,0%). A metodologia de superfície de resposta (RSM) foi utilizada para avaliar o efeito de três parâmetros principais do processo: período de incubação (6 dias), pH médio inicial (7,0) e capacidade de retenção de humidade (MHC) (70%) na produção de IAA (23,5 mg/g de substrato seco) utilizando a estirpe CM5. Para estudar estes parâmetros, foi anexado um Desenho Composto Central (CCD) factorial completo.

Estas cinco estirpes foram também avaliadas para a produção de enzimas industrialmente importantes como a-amilase (E.C. 3.2.1.1.) e a pectinase (E.C. 3.2.1.67) em fermentação submersa (SmF). Para a produção de a-amilase a temperatura óptima, pH e período de incubação em SmF foram 50-70°C, 5,0 - 9,0 e 36h, respectivamente. Não houve variação significativa no rendimento enzimático entre a agitação do frasco e a cultura do fermentador de laboratório. A enzima purificada apresentava-se em duas formas com massa molecular de 18,0 ±1,0 e 43,0 ±1,0 kDa em SDS-PAGE nativo.

A produção de a-amilase foi estudada sob fermentação em estado sólido por *B. subtilis* CM3 utilizando bagaço de mandioca. A MSE foi utilizada para avaliar o efeito da variável principal, como o período de incubação, o pH médio inicial, o MHC e a temperatura. Os resultados experimentais mostraram que o período ideal de incubação (6 dias), o pH médio inicial (8,0), MHC (70%) e a temperatura (50°C) foram essenciais para se conseguir uma maior produção enzimática. Estes resultados diferem dos do SmF onde foram observados o período óptimo de incubação (36h), pH (5,0 - 9,0) e temperatura (50°C).

A produção de poligalaturonase (PG) foi estudada em SmF e SSF por *B. subtilis* CM5. A temperatura óptima, pH e período de incubação para a produção óptima de PG em SmF (82,0 -83,2 Unidades) foram de 50°C, 7,0 e 36 h, respectivamente. *B. subtilis* produziu PG mais elevado na presença de peptona (1%) como fontes de azoto em comparação com outras (extracto de bovino, caseína, extracto de levedura, sulfato de amónio e ureia). Em estudos de laboratório com fermentadores, a produção de PG por *B. subtilis* foi encontrada 25,5% mais elevada do que a cultura de balão. A enzima purificada tinha uma massa molecular de 56 kDa em SDS-PAGE nativa. A aplicação de PG bruto de *B. subtilis* resulta num aumento de 15% na produção de sumo de cenoura em comparação com os resultados obtidos com a pectinase padrão comercializada (Pectinex®, Novazuyme, Dinamarca). Em SSF utilizando CFR como substrato, os parâmetros óptimos avaliados pelo RSM foram o período de incubação (6 dias), o pH médio inicial (7,0), MHC (70%) e a temperatura (50°C) na produção da enzima.

Neste estudo, as estirpes de *B. subtilis* isoladas do estrume de vaca têm vários atributos benéficos que incluem biocontrolo, promoção do crescimento das plantas, solubilização do fósforo e produção de enzimas industrialmente importantes (amilase e pectinase) em fermentação submersa e em estado sólido.

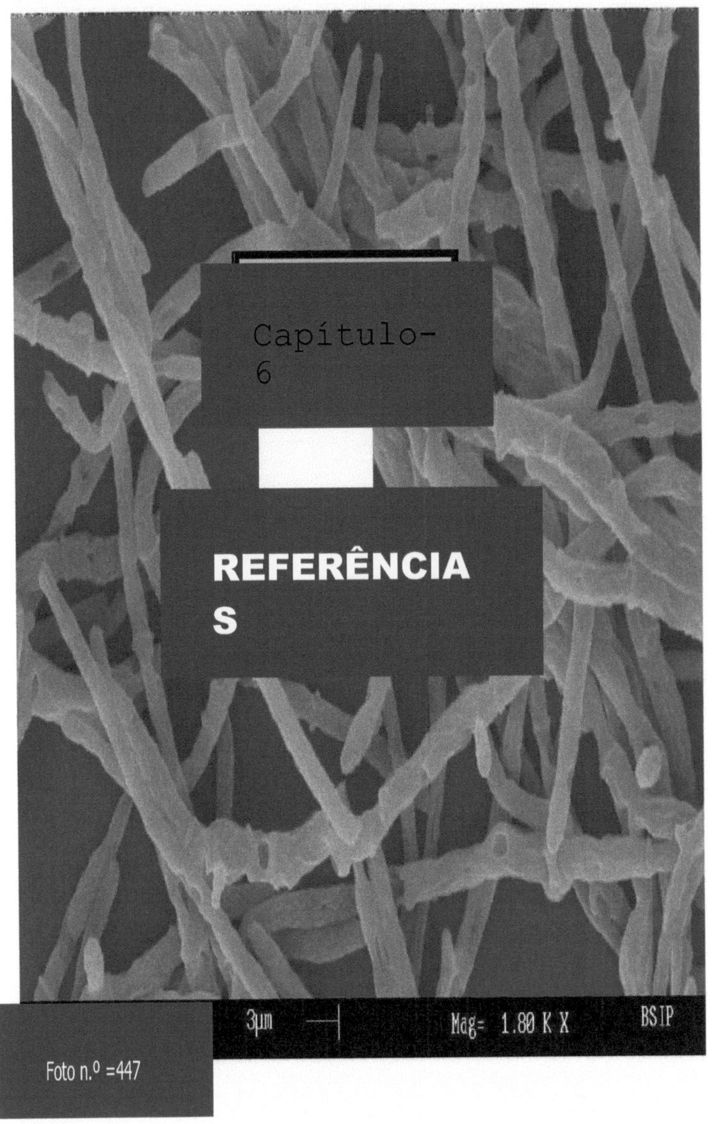

Capítulo-6

REFERÊNCIAS

3µm
Mag= 1.80 K X
BSIP
Foto n.º =447

Capítulo 6. REFERÊNCIAS

Abd-Alla, M.H. (1994). Fosfátase e utilização de P orgânico por *Rhizobium leguminosarum* biovar *viceae*. *Lett. Aplic. Microbiol.* 18: 294 -296.

Adeniji, M.O. (1970). Influência da humidade e da temperatura nos organismos de decomposição do inhame. *Fitopatol.* 60:1698-1699.

Agarry, O.O., Akinyosoye, F.A. e Adetuyi, F.C. (2005). Propriedade antagónica dos microoigansismos associados aos produtos de mandioca *(Manihot esculenta* Crantz). *African J. Biotechnol.A* (7): 627-663.

Ahmad, F., Ahmad, L. e Khan, M. S. (2005). Produção de ácido acético indolésio pelos isolados indígenas de *Azotobacter* e *Pseudomonas* fluorescentes, na presença e ausência de triptofano. *Turco. J. Biol.* 29:29-34.

Aiyer, P.V.D. (2004). Efeito da produção de C:N ração alfa amilase por *Bacillus licheniformis* SPT 27.*African J. Biotechnol.* 3(10):519-522.

Alemayehu, M. (1998). Estudos sobre a ocorrência e o significado dos metabolitos de auxina- e citoquinina-activa em *Bacillus subtilis* activa de *fitossanidadeA^<Asi.en.in:.Agrarwissenschaftftliche Forschungsergebnisse Vol. 9,* Verlag Kovac, Hamburgo

Alippi, A. e Mónaco, C. (1994). Antagonismo *in vitro* de especies de *Bacillus* Contra *Sclerotium rolfsii* y *Fusarium solani. Rerista de la Facultad deAgronomia, LaPlaiaF)".* 91-95.

Anand, R, Dorrestein, P.C., Kinsland, C., Begley, T.P. e Ealick, S.E. (2002). Estrutura da descarboxilase oxálica de *Bacillus subtilis* a 1,75 A de resolução. *Biochem. 41:* 7659-7669.

Ando, S., Ishida, H., Kosugi, Y. e Ishikawa, K. (2002). Hipertermostable endoglucanase de *Phyrococcus horikoshi. Aplicar. Microbiol.* 68: 430-433.

Anónimo 2004.www.nri.org/news/archive/newsarchive2004.htm - 74k

Amesen, S., Eriksen, S.H., Olsen, J. e Jensen, B. (1998). Aumento da produção de a-amilase a partir de *Thermomyces lanuginosus através* da adição de Tween 80. *Enz. Microb. Technol.* 23: 249-252. Acesso em 13 * Fevereiro de 2005

Asak, O. e Shoda, M. (1996). Biocontrolo da *Rhizoctonia solani* causando a doença de amortecimento do tomate com *Bacillus subtilis. Aplic. Environ. Microbiol.*

62(11): 4081-4085.

Babu, K.R. e Satyanarayana, T. (1993). Optimização paramétrica da produção extracelular de a-amilase por *Bacillus coagulans* termófilos. *Folia Microbiol.* 38(1): 77-80.

Backmann, P.A., Phillip, M.B. e Walter F. M. (1994). Resposta das plantas e controlo de doenças após inoculação de sementes com *Bacillus subtilis*. Anais do Terceiro Workshop Internacional sobre Crescimento Vegetal - Promoção das Rizobactérias. Adelaide, Austrália do Sul, pp. 3-8.

Baig, M.A., Pazlarova, J. e Votruba, J. (1984). Cinética da produção de a-amilase numa cultura batch e fedbatch de *Bacillus subtilis*. *Folia Microbiol.* 29: 359-364.

Barbieri, P. e Galli, E. (1993). Efeito no desenvolvimento das raízes do trigo da inoculação com um mutante *Azospirillum brasilense* com produção alterada de ácido acético indole-3. *Microbiol. Res.* 144:69-75.

Barroso, C.B., Pereira, G.T. e Nahas, E. (2006). Solubilização de CaHPO4 e AlPO4 por *Aspergillus niger* em meios de cultura com diferentes fontes de carbono e nitrogénio. *Braz. J. Microbiol.* 37: 434-438

Basak, A.B. e Lee, M.W. (2000 a). Eficácia comparativa e actividade *in vitro* da urina de vaca e do pulmão de vaca para controlar a murchidão do pepino de Fusarium. http://plantpath.snu.ac.kr/ic2001/abstract.html. Agosto de 2005

Basak, A.B. e Lee, M.W. (2000 b). Eficácia do cowdung no controlo da podridão das raízes e das doenças da murcha de Fusarium das plantas de pepino. http://plantpathsnu.acki/ic2001/abstract.html. Agosto de 2005

Beauchemin, K. A. e Rode, L M. (1996). Utilização de enzimas alimentares na nutrição de ruminantes. Proc. Can. Soc. Anim. Sci. Annu. Mtg, Lethbridge, Alberta, Canadá, p.103.

Beauchemin, K., A., Rode, L. M. e Sewalt, V.J.H. (1995). As enzimas fibrolíticas aumentam a digestibilidade das fibras e a taxa de crescimento dos bois alimentados com forragens secas. *Podem. J. Animais. Sci.* 75: 641- 644.

Beg, Q.K., Bhusana, B., Kapoor, M. e Hoondal, G.S. (2000). Produção e caracterização de xilanase termoestável e pectinase a partir de *Strep tomyces* sp. QG-11-3. *J. Ind. Microbiol. Biotecnol.* 24: 396- 402.

Bentley, J.A. (1962). Análise dos métodos das hormonas de platina. *Biochem. Anal.* 9:75-124.

Bharat, B. e Hoondal, G. (1998). Isolamento, purificação e propriedades da quitinase termoestável do *Bacillus* sp. BG-11 alcalófila. *Biotecnol. Lett.* 20: 157-159.

Bhattacharyya, P., Chakrabaiti, K. e Chakraborty, A. (2005). Biomassa microbiana e

173

actividades enzimáticas em solo de arroz sub-digido emendado com composto de resíduos sólidos municipais e estrume de vaca em decomposição. *Quimiosfera.* 60: 310-318.

Bhusan, B. (2000). Produção e caracterização de uma quitinase termoestável a partir de um novo *Bacillus* sp. alcalófila BG-11. *J. Aplic. Microiol.* 88:800-806.

Biavati, B., Vescovo, M., Torriani, S. e Bottazzi, V. (2000). *Bifidobacteria".* história, ecologia, fisiologia e aplicações. *Anna! Microbiol.* 50:117-131.

Bochow, H., El-Sayed, S.F., Junge, H., Stavropoulou, A. e Schmiedeknecht, G. (2001). Utilização de *Bacillus subtilis* como agente bioconfrolador. IV. Indução de tolerância ao stress salino por *Bacillus subtilis* FZB24 tratamento de sementes em culturas hortícolas tropicais, e o seu modo de acção. *J. Planta Dis. Protec.* 108:21-30.

Boyaci, I.H. (2005). Uma nova abordagem de determinação de constantes cinéticas enzimáticas utilizando a metodologia de superfície de resposta. *Biochem Eng. J.* 25:55-62.

Brand, S.S., Gonzalez-Pastor, J.E., Ben-Yehuda, S., Losick, R. e Kolter, R. (2001). Formação do corpo frutífero por *Bacillus subtilis. Proc. Natl. Acad. Sci.* USA 98:11621-11626.

Brown, C. (1987). Tecnologia enzimática. In: *Introduction to Biotechnology,* (ed.), J. Wilkinson, Black Will Scientific, Oxford.

Canganella, F., Andrade, C. e Anfranikian, G. (1994). Caracterização de enzimas amilolíticas e pululíticas da arquebactéria temiófita e de uma nova espécie de *Ferividobacterium. Aplic. Microbiol. Biotecnol.* 42: 239-245.

Carr, J.G. (1985). Chá, café e cacau. In: *Microbiology of Fermented Food,* Volume 2 (ed.) B.J.B. Wood, Elsevier, Londres, pp. 133-154.

Carvalho, J.C.M., Vitolo, M., Sato, S. e Aquarone, E. (2003). Produção de etanol por *Saccharomyces cerevisiae* cultivado em melaço de cana-de-açúcar através de um processo de alimentação por lotes: optimização por metodologia de superfície de resposta. *Aplicação. Biochem. Biotecnol.* 110: 151- 164.

Castro, S. Peyronel, D.V. e Cantera, A.M.B. (1996). Proteólise de proteínas de soro de leite pela preparação da enzima *Bacillus subilis. Int. Diário J.* 6:285- 294.

Cessna, S.G., Seam, V.E., Dickman, M.B. e Low, P.S. (2000). Oxailic acid a pathogenicity factor for *Sclerotinia sclerotiorum,* suprime o rebentamento oxidativo da planta hospedeira. *Célula vegetal.* 12: 2191 - 2200.

Christen, P., Meza, J.C. e Revah, S. (1997). Produção de aroma frutado em estado sohd fermentação por *Ceratacystis fimbriata:.* influência do tipo de substrato e da presença de precursor. *Mycol. Res.* 101: 911- 919.

Claus, D. e Berkeley, R.C.W. (1986). Genus *Bacillus* Cohn 1872 In: *Bergey's Manual of Systematic Bacteriology,* Volume 2, (ed.), G.M. Ganity, Williams and Wilkins Co., Baltimore, MD, pp. 1105-1139

Compant, S., Duffy, B., Nowak J., Clement, C. e Barka, E.A. (2005). Utilização de bactérias promotoras do crescimento das plantas para o biocontrolo de doenças das plantas: Princípios, mecanismos de acção e perspectivas futuras. *Aplicação. Ambiente. Microbiol.* 71:4951—4959.

Cosby, W.M., Vollenbroich, D., Lee, O.H. e Zuber, P. (1998). A expressão alterada do *srf* em *Bacillus subtilis* resultante de alterações no pH da cultura depende das permeas de oligopeptídeos SopOK e do sistema ComQX de controlo extracelular. *J. Bacteriol.* 180: 1438 - 1445.

Costacurta, A. e Vanderleyden, J. (1995). Síntese de phytohormones por bactérias associadas a plantas. *Critérios. Rev. Microbiol.* 21:1-18.

Coussey, D.G. (1967). *Inhames.* Longmans, Londres.

Caranguejo, W. e Mitchinson, C. (1997). Enzima envolvida no processamento de amido para açúcares. *Tendências Biotecnol.* 15: 349-352.

Dade, H. A. e Wright, J. (1930). *Botryodiplidia theobromae* sobre inhame *(Dioscorea* sp.). Livro de ano para 130 do Departamento de Agricultura, Costa de Ouro. 249- 250.

Darling, P., Chan, M., Cox, A.D. e Sokal, P.A. (1998). Produção de Sideróforos por *Cystic fibrosis* isolates de *Brukholderia cepaciae. Infectado. Imunol.* 66: 874-877.

Das, K., Doley, R. e Mukherjee, A.K. (2004). Purificação e caracterização de uma alcalifílica termoestável, extracelular alfa-amilase de *Bacillus subtilis* DM-03, uma estirpe isolada da comida tradicional fermentada da Índia. *Biotecnol. Aplic. Biochem.* 40(3): 291-298

Davies, P.E., Cohen, D.L. e Whitaker, A. (1980). A produção de a-amilase em cultura batch e chemostart de *Bacillus stearothermophilus. Antonie Van Leeuwenhoek.* 46: 391-398.

Denner, W. (1996). Os aspectos legislativos da utilização de enzimas industriais no fabrico de alimentos e ingredientes alimentares. In: *Industrial Enzymology,* (eds.) Y. Godfrey and J. Reichelt, Stockton Press, New York. pp. 397M12.

Dhama, K., Rajesh, R., Chauhan, R.S. e Simmi, T. (2005). Panchgavya (cowpathy): uma visão geral. *Int. J. Cow Sci.* 1:1-5

Dhillon, A. e Khanna, S. (2000). Produção de uma xilanase alcalina termo-estável a partir de *Bacillus subtilis* AB 16 cultivada em palha de trigo. *Mundo J. Microbiol. Biotecnol.* 27: 325-327.

Dingman, D.W. e Stahly, D.P. (1983). Média que promove a esporulação de *larvas de Bacillus* e o metabolismo de componentes médios. *Aplic. Enveron. Microbiol.* 46(4): 860-869.

Dosanjh, N.S. e Hoondal, G.S. (1996). Produção de exopectinase hiperactiva termoestável constitutiva de *Bacillus* GK-8. *Biotech Lett.* 18:1433- 1438.

Duttan, M.V. e Evans, C.S. (1996). Produção de oxalatos por ftmgi - o seu papel na patogenicidade e ecologia do ambiente do solo. *Pode. J. Microbiol.* 42: 881- 891.

Edberg, S.C. (1991). Avaliação da saúde humana da EPA dos EUA: *Bacillus subtilis.* U.S. Environmental Protection Agency, Washington, D.C.

Emmanuel, L., Stefan, J., Bernard, H. e Abdel, B. (2000). Enzimas amilolíticas termofílicas *archaecd. Microb. enzima. Technol.* 26: 3-14.

Faboya, O.O.P., Ikotun, T. e Fatoki, O.S. (1983). Produção de ácido oxálico por alguns tubérculos infectados por fungos. *Z. Allg. Mikrobiol.* 23: 621- 624.

Finking, R. e Marahiel, M.A. (2004). Biossíntese de peptídeos nomibosomais 1. *Annu. Rev. Microbiol.* 58: 453 - 488.

Fioretto, A. e Fuggi, A. (2005) Biotecnologia das enzimas do solo In: *Microbial Biotechnology in Agriculture and Aquaculture,* Volume 1, (ed.) R.C. Ray Science Publisher, Inc, New Hampshire, USA PP- 31-70.

Fogarty, M. e Kelly, C. (1995). Amilases, amiloglucosidase e gucanases relacionadas. In: *Sistemas enzimáticos e microbianos envolvidos no processamento de amido.* Volume 17, pp. 770-778.

Fogarty, W.M. e Kelly, C.T. (1980). Amilases e amiloglucosidases e glucanases relacionadas. In: *Economic Microbiology,* Volume 5, (ed.) A.H. Rose, Academic Press Inc., New York. pp. 115-170.

Gangadharan, D., Sivaramakrishnan, S., Nampoothiri, K.M. e Pandey, A. (2006). Cultura Sohd de *Bacillus amyloliquifaciens* para produção de alfa amilase. *FoodTechnol. Biotecnol.* 44: 269-274.

Ghosh, S., Penterman, J.N., Little, R.D., Chavez, R. e Ghck, B.R. (2003). Três bacilos de crescimento de plantas recentemente isolados facilitam o crescimento das plântulas de clonala, *Brassica campestris. Fisiol Vegetal. Biochem.* 41:277-281.

Ghck, B.R. (1995). A melhoria do crescimento das plantas através de bactérias de vida livre. *Can. J. Microbiol.* 41:109-117.

Gordon, R.E. (1973). O género *Bacillus. Manual Agrícola* No. 427. Agricultural Research Service, U.S. Department of Agriculture, Washington, DC.

Guadalupe, L.G.S., Loiseau, G. e Montet, D. (2008). Fermentação e processamento de café e cacau. In: *Microbial Biotechnology in Horticulture,* Volume 3, (eds.) R.C. Ray and O.P. Word, Science Publishers, Enfield, NH, USA, pp. 71- 99.

Gupta, R., Singh, R., Shanker, A., Khuad, R.C. e Saxena, R.K. (1994). Um ensaio de placas modificado para a triagem de microrganismo solubilizante de fosfato. *J. Gen. Appl. Microbiol.* 40: 255-260.

Gupta, S., Kapoor, M., Sharma, K.K., Nair, L.M. e Kuhad, R.C. 2007. Produção e recuperação de uma exo-poligalacturonase alcalina a partir de *Bacillus subtilis* RCK sob fermentação em estado sólido utilizando uma abordagem estatística. *Biores. Technol.* doi:10.1016/j.hiotech.2007.03.009.

Gurucharanam, K. e Dhespanday, K.S. (1986). Polissacarases de *Curvularia lunata* - utilização na degomagem de fibras de rami. *Fitopatol indiano* 3:385-389.

Haddadin, M.S.Y., Awaisheh, S.S. e Robinson, R.K. (2004). A produção de iogurte com bactérias probióticas isoladas de bebés na Jordânia. *Paquistão J. Nutr.* 3:290-293.

Haki, G.D. e Rakshit, S.K. (2003). Desenvolvimentos em enzimas termoestáveis industrialmente: uma revisão. *Biores. Technol.* 89: 17-34.

Hansan, H. A. H. (2002). Produção de giberelina e auxina por fungos das raízes das plantas e a sua biossíntese sob interacção salino-cálcio. *Rostlinna vyroba,* 48:101-106.

Haq, I.U., Rani, S., Ashraf H. e Qadeer, M.A. (2002). Biosynthasis de alfa amilases por mutante tratado quimicamente de *Bacillus subtilis. J. Biol. Sci.* 2(2):73-75.

Ele, G.Q., Kong, Q. e Dingm, L.X. (2004). Metodologia de superfície de resposta para optimizar o meio de fermentação do *Clostridium butyricum. Lett Appl. Microbiol,* 39:363-368.

Helbig, J. (2006). Controlo microbiano de agentes patogénicos das plantas em culturas hortícolas - uma visão geral. In: *Microbial Biotechnology in Horticulture,* Volume 1 (eds.) R.C. Ray and O.P. Ward, Science Publishers, Inc., New Hampshire, USA. pp. 83-123.

Holker, U., Hofer, M. e Lenz, J. (2004). Vantagens biotecnológicas da fermentação em estado sólido à escala laboratorial com fungos. *Aplic. Microbiol. Biotechnol.*, 64: 175-186.

Holt, J.G., Krirg, N.R., Sneath, P.H., Standley, J.T. e Williams, S.T. (1994). *Bergey's Manual of Determinative Bacteriology,* 9ª edição. Williams and Wilkins, B altimore, U SA.

Hoondal, G.S., Tiwari, R.P., Tewari, R., Dahiya, N. e Beg, Q.K. (2002). Pectinases alcalinases microbianas e a sua aplicação industrial - uma revisão. *ApplMicrobiol. Biotecnol.* 59: 409-418.

Hopkins, W.G. (1999). Introduction to plant Physiology, 2ª edição, John Wiley and Sons, Inc. (1999). EUA.

Hutcheson, S. e Kosuge, T. (1985). Regulação da produção de ácido 3-indoleacético em *Pseudomonas syringae* pv. *savastanoi* (purificação e propriedades da triptofano 2-mono oxigenase). *J. Biol. Chem.* 260:6281- 6287.

Idriss, E.E., Makarewicz, O., Farouk, A., Rosner, K., Greiner, R., Bochow, H., Richer, T. e Borriss, R. (2002). A actividade extracelular de fitase de *Bacillus amyloliquefaciens* FZB45 contribuiu para o seu efeito de promoção do crescimento das plantas. *Microbiologia.* 148:2097-2109.

Ikotun, T. (1984). Produção de ácido oxálico por *Penicillium oxalicum* em cultura e em tecido de inhame infectado e interacção com enzimas maceradoras. *Micopatol.* 88: 9-14.

Jha, P., Sarkar, K. e Barat, S. (2004). Efeito de diferentes taxas de aplicação de excrementos de excrementos de vaca e de aves sobre a qualidade da água e o crescimento de porcarias ornamentais, *Cyprinus carpio* vr. Koi., em tanques de betão. *Turco J. Fisher, e Aqua. Sci* 4:17-22.

Jones, D.L. e Darrah, R.P. (1994). Papel dos ácidos orgânicos derivados das raízes na mobilização dos nutrientes da rizosfera. *O solo vegetal.* 166: 247- 257

Just, V.J., Stenenson, C.E.M., Bowater, L., Tanner, A., Lawson, D. e Bomemann, S. (2004). Uma confirmação fechada de *Bacillus subtilis* oxalate decarboxylase OxdC fornece provas da verdadeira identidade do local activo. *J. Biol. Chem.* 279: 19867-19874.

Kapoor, M. e Kuhad, R.C. (2002). Melhoria da produção de poligalacturonase a partir de *Bacillus* sp. MG-cp-2 sob fermentação submersa (SmF) e sohd state fermentation (SSF). *Lett. Aplic. Microbiol.* 34, 317-322.

Kapoor, M., Beg, Q.K., Bhushan, B., Dadhich, K.S. e Hoondal, G.S. (2000). Produção e purificação parcial e caracterização de uma poligalacturonase termoalcalcalina estável de *Bacillus* sp. MG-cp-2. *Processo. Biochem.* 36: 467-473.

Kashyap, D.R., Kumar, S.S. e Tewari, R. (2003). Produção melhorada de pectinase por *Bacillus* sp. D7 usando fermentação em estado sólido. *Biores Tehnol.* 88:251-254.

Kaur, G., Kumar, S. e Satyanarayana, T. (2004). Produção, caracterização e aplicação de uma poligalacturonase thnostável de um molde termoestável *Sporotichum thermophile* Apinis. *Biores. Technol.* 94: 239- 243.

Kerovuo, J., Lauraeus, M. Nurminen, P. Kalkkinen, N e Apajalahti, J. (1998). Isolamento, caracterização, clonagem de genes moleculares e sequenciação de uma fitase noval de *Bacillus subtilis*. *Aplic. Environ. Microbiol.* 64: 2079-2085.

Kilian, M., Steiner, U., Krebs, B., Jung, H., Schmiedeknechi, G. e Hain, R. (2000). FZB24® *Bacillus subtilis*- modo de acção de um agente microbiano que aumenta a vitalidade das plantas. *Pflanzenschutz Nachrichten Bayer.* 1:72-93.www.bayercropscience.com/bayer/cropscience/cscms.nsf/ID/2nd ArticleO12OOOO_EN/$file/2_kilian_2OOOO.pdf. Acessado a 13 de Fevereiro de 2005

Kim, T.U., Gu, B.G., Jeong, J.Y., Byun, S.M. e Shin, Y.C. (1995). Purificação e caracterização de uma a-amilase alcalina formadora de maltotetraos de uma estirpe alcalófila de *Bacillus* GM8901. *Aplic. Ambiente. Microbiol.* 61 (8): 3105-3112.

Kim, Y.O., Lee, L.K., Kim, H.K., Yu, J.H. e Oh, T.K. (1998). Clonagem do gene da fitase termoestável *(phy)* de *Bacillus* sp. D S11 e a sua expressão excessiva em *Escherichia coli*. *FEMS Microbiol Lett* 162: 185-191.

Kim., C., Nashiru, O. e Ko, J. (1996). Purificação e caracterização bioquímica de pululanases tipo I de *Thermus ccddophilus* Gk-24. *FEMS Microbiol. Lett.* 138:147-152.

Kimura, K., McCartney, A.L., McConnell, M.A. e Tannock, G.W. (1997). Análise das populações fecais de *Bifidobactérias* e *Lactobacilos* e investigações das respostas imunológicas dos seus hospedeiros humanos às estirpes predominantes. *Aplic. Environ. Microbiano.* 63:3394-3398.

Kimura, N. e Hirano, S. (1988). Estirpes inibitórias de *Bacillus subtilis* para crescimento e produção de aflatoxinas de fungos aflatoxigénicos. *Agric. Biol. Química.* 52(5): 1173-1179.

Kluskens, L.D., van Alebeek, G.J.W.M., Voragen, A.G.J., De Vos, W.M. e Van Der Cost, J. (2003). Caracterização molecular e bioquímica da família thermo active I pectate lysase a partir da bactéria hipertermófila *Thermotoga maritime*.

BiochemJ. 370: 6651-659.

Kobayashi, M., Suzuki, T., Fujita, T., Masuda, M. e Shimizu, S. (1995). Ocorrência de enzimas envolvidas na biossíntese de ácido acético indole-3-acetinitrilo em bactérias associadas a plantas, *Agrobacterium* e *Rhizobium. Proc. Natl. Acad. Sci. USA.* 92:714- 718.

Kobayashi, T., Koika, K., Yoshimatsu, T., Hiaki, N., Suzumatsu, A., Ozawa, T., Hatada, Y. e Ito, S. (1999). Purificação e propriedades de uma baixa massa molecular, lise pectativa alcalina elevada de uma estirpe alcalífera de *Bacillus. Biosci. Biotecnol. Biochem.* 63: 65-72.

Koga, J., Adachi, T. e Hidaka, H. (1991). Clonagem molecular do gene para a decarboxilase indolepiruvada *de Enterobac ter cloacae. Mol. Gen. Genet.* 226:10-16.

Kolichesky, M.B., Soccal, C.R., Marin, B., Medeiros, E. e Raimbault, M. (1995). Produção de ácido cítrico em três suportes celulósicos em fermentação em estado sólido. In: *Advance in Solid State Fermentation,* (eds.) S. Roussas, B.K. Lonsane, M. Raimbault e G. Viniegra-Gonzalez, , Kluwer Academic Publisher Dordrecht, pp 447- 460.

Kosuge, T. e Sanger, M. (1987). Ácido acético indolésio, sua síntese e regulação: base para a cidade tumorígena na doença das plantas. *Recente. Adv. Fitoquímico.* 20:147-161.

Kraus, J. e Loper, J.E. (1995). Caracterização de uma região genómica necessária para a produção do antibiótico pyoluteorin pelo agente de controlo biológico *Pseudomonas fluorescence* Pf-5. *Aplic. Envim. Microbiol.* 61:849-854.

Krishnan, T. e Chandra, A.K. (1983). Purificação e caracterização de *a*- amilase de *Bacillus licheniformis* CUMC305. *Aplic. Environ. Microbiol.* 46: 430-437.

Kubat, J. e Mikanova, O. (1994). Actividade solubilizante do fósforo de microoiganismo da rizosfera e rizóbios. Proc. [8] Simpósio. Nyiregyhaza-Nancy, França, pp.23-30.

Kumar, S.U., Rehana, F. e Nand, K. (1990). Produção de uma qu-amilase q-amilase extracelular termoestável inibida de cálcio por *Bacillus licheniformis* MY10. *Microb. enzimático. Technol.* 12: 714-716.

Kung, L. Jr. Um micróbio alimentado directamente e enzima para vacas leiteiras. www.das.psu.edu/dairynutrition/documents/kung.pdf. Acesso em [10] de Fevereiro de 2005.

Kunst, F., Ogasawara, N., Moszer, I., Albertini, A.M., Alloni, G., Azevedo, V., Bertero, M.G., Bessieres, P., Bolotin, A., Borchert, S., Borriss, R., Bouillet, L., Nrans, A., Braun, M., Brignell, S.C., Bron, S., Brouillet, S., Bruschi, C.V., Caldwell,

B., Capuano, V., Calter, N.M., Choi, S.K., Codani, J.J., Connerton, I.F. e Danchin, A. (1997). A sequência completa do genoma da bactéria gram-positiva *Bacillus subtilis*. *A natureza*. 390: 249 - 256.

Laemmli, Reino Unido (1970). Cleavage of structural proteins during the assembly of the head of bacteriophage T4. *Natureza*. 227: 680-685.

Lam, S.T. e Gaffney, T.D. (1993). Actividades biológicas de bactérias no controlo de patogénios vegetais. In: *Biotecnologia no controlo das doenças das plantas*, (ed.) I. Chet. Wilet-Liss, Nova Iorque. pp. 291-320.

Lampe, K.R. 1998. Tese de doutoramento. Sistemática da bactéria entomopatogénica *Bacillus popilliae, Bacillus lentimorbus* e *Bacillus sphaericus.*, Instituto Politécnico da Virgínia e Universidade Estadual, Blacksburg, Virgínia.

Lauer, E., (1990). *Bifidobacterium gcdlicum* sp. Nov. isolado das fezes humanas. *Int. J. Syst. Bacterial*. 40: 100-102.

Leclere, V., Marti, R., Bechet, M., Fickers, P. e Jacques, O. (2006). Os lipopeptídeos mycosubtilin e sulfactantina aumentam a propagação da estirpe de *Bacillus subtilis* pelas suas propriedades activas de superfície. *Arco. Microbiol*. 186: 475M83.

Liew, S.L., Ariff, AB., Raha, A.R. e Ho, Y.W. (2005). Optimização da composição dos meios para a produção de um microorganismo probiótico, *Lactobacillus rhamnosus*, utilizando a metodologia da superfície de resposta. *Int. J. Alimentação. Microbiol*. 102:137-142.

Loeffler, W., Kratzer, W., Kremer, S., Kugler, M., Petersen, F., Jung, G., Rapp, C. e Tschen, J.S.M. (1990). Antibióticos anti-fúngicos do *grupo Bacillus subtilis. Fórum de Microbiologia* 3: 156 -163.

Logan, N.A. (1988). Espécies de *Bacillus* de importância médica e veterinária. *J. Med. Microbiol*. 25:157-165.

Lovell, R.D., Jarvis, S.C. e Bardgett, R.S. (1996). Biomassa microbiana do solo e actividade em efeitos a longo prazo das alterações de gestão das pastagens. *Biol do Solo. Biochem*. 27:969-975.

Luisa, M.R., Schmidt, C., Wahl, S., Sprauer, A. e Schmid, R. (1997). Thermo- alcalophilic lipase of *Bacillus thermocatenulatus*. Produção, purificação e propriedades em grande escala: comportamento de agregação e o seu efeito na actividade. *J. Biotechnol*. 56: 89-102.

MacMilan, J. e Suter, P.J. (1963). Cromatografia de camada fina das giberelinas. *Natureza*. 97: 790.

Mahadevan, A. e Sridhar, R. (1998). *Methods in Physiological Plant Pathology* (4th Edn.), Sivakami Pubheation, Chennai, Índia.

Malhotra, R., Noorwez, S.M. e Satyanarayana, T. (2005). Produção e caracterização parcial de a- amilase termo-estável e independente do cálcio de *Bacillus thermooleovorans termófilos* extremos NP54. *Lett. Aplic. Microbiol.* 31: 378-384.

Manio, G., Gashe, B.A. e Gessesse, A. (1999). Uma amilase altamente termo-estável de um *Bacillus* sp. WN11 termófila recentemente isolado. *J. Appl. Microbiol.* 86: 557-560.

Martue, T., Ozawa, M. e Nakazawa, T. (1973). Foemar speciales of *Fusarium oxysporum* and *F. solani* causando "podridão castanha" da raiz de carne de *Dioscorea batata* Decne. Relatórios do Instituto de Micologia Tottori. 10:541-552.

Massa, C., Degrassi, G., Devescovi, G., Venturi, V. e Lamba, D. (2007). Isolamento, expressão heteróloga e caracterização de uma endopoligalacturonase produzida pelos fitopatógenos *Brukholderia cepacia*. *Protein Express. Puri.fica.5F*. 300-308.

Matsui, L, Sakai, Y., Matsui, E., Kikuchi, H., Kawarabayasi, Y., e Honda, K. (2000). Nova especificidade do substrato de uma glicosidase IB-glicosidase de membrana de um arco hipertermofílico. *Pyrococcus horikoshi*. *FEBS Lett*. 467: 195-200.

Mawadza, C., Hatti-Kaul, R., Zvauya, R., e Mattiasson, B. (2000). Purificação e caracterização das celulases produzidas por duas estirpes de *Bacillus*. *J. Biotechnol*. 83: 177-187.

McKeen, C.D., Reilly, C.C. e Pusey, P.L. (1986). Produção e caracterização parcial de substâncias antifúngicas antagónicas à *Monilinia fructicola*. *Fitopatol*. 76(2): 136-138.

Medda, S. e Chandra, A.K. (1980). Nova estirpe de *Bacillus licheniformis* e *Bacillus coagulans* produzindo uma a-amilase termoestável activa a pH alcalino. *J. Aplic. Bacterial*. 48: 47И8.

Mehta, A. e Datta, A. (1991). Oxalate decarboxylase de *Collybia velutipes* purificação, caracterização, e clonagem de cDNA. *J. Biol. Chem*. 266: 23548-23553.

Mehta, S. e Nautiyal, C.S. (2001). Um método eficaz de rastreio qualitativo de bactérias solubilizantes de fosfato. *Moeda. Microbiol*. 43: 51-56.

Melo, I.S. (1998). Agentes microbianos de controlo espacial de fungos fitopatogénicos. In: *ControlBiologico*, (eds.), I.S. Melo, e J.L. Azevedo, EMB RAPA, Brasil. JaguaRiuna V.l., 17-30.

Miege, J. e Lyonga, S.N. (1982). Ignames de inhame. Oxford: Clarendon Press, pp. 411-425.

Mizumoto, S., Hirai, M. e Shoda, M. (2006). Produção de iturina antibiótica lipopeptídica A utilizando resíduos de coalhada de soja cultivada com *Bacillus subtilis* em fermentação em estado sohd. *Aplicação de Microbiol Biotechnol.* 72: 869-875.

Mohan, B. (2008). Avaliação de promotores de crescimento orgânico sobre o rendimento de culturas hortícolas em terras secas na Índia. *J. Org. Sys.* 3:23-36.

Montealegre, J.R., Reyes, R., Perez, L.M., Herrera, R., Silva, P. e Besoaim, X. (2003). Selecção de bactérias bioantagonistas a utilizar no controlo biológico da *Rhizoctonia solani* no tomate. *J. Biotechnol electrónico.* 6 (2). http://www.ej biotechnol ogy.info/content/vol6/issue2/full/8. Acesso em 13 * Fevereiro de 2005.

Moszer, I. (1998). O genoma completo de *Bacillus subtilis,* desde a anotação da sequência até às espécies relacionadas com os dados. *FEBS Lett.* 430: 28-36.

Muhammad, S. e Amusa, N. A. (2003). In vitro de inibição do crescimento de alguns micróbios indutores de pragas de plântulas por micróbios inibidores de compostagem. *AfricanJ. Biotecnol.* 2(6): 161-164.

Munimbzi, C. e Bullerman, L.B. (1998). Isolamento e caracterização parcial dos metabolitos antifúngicos de *Bacillus pumulis. J Aplic. Microbiol.* 133: 183-198.

Nagarajkumar, M., Jayaraj J., Muthukrishnan S., Bhaskaran, R. e Veiazhahan, R. (2005). Desintoxicação do ácido oxálico por *Pseudomonas fluorescens* da estirpe PfMDU2: implicação para o controlo biológico da praga da bainha de arroz causada pela *Rhizoctonia solani. Microbiol. Res.* 160: 291 -298.

Nagorska, K., Bikowski, M. e Obuchowski, M. (2007). O comportamento multicullular e a produção de uma grande variação de substâncias tóxicas apoiam o uso de *Bacillus subtilis* como um poderoso agente biocontrolador. *Acta. Biochim Polonica* 54:495-508.

Najafi, M. F., Deobagkar, D. e Deobagkar, D. (2005). Purificação e caracterização de uma a-amilase extracelular de *Bacillus subtilis* AX20. *Expr. proteico. Purificação.* 41: 349-354.

Narang, S. e Satyanarayan, T. (2001). Produção de a-amilase termo-estável por um termófilo extremo *Bacillus thermooleovorans. Lett. Aplic. Microbiol.* 32: 31-35.

Naruse, N., Temyo, O., Kobaru, S., Kamei, H., Miyaki, T., Konishi, M. e Oki, T. (1990). Pumilacidina, um complexo de produção de novos antibióticos antivirais, isolamento, propriedades químicas, estrutura e actividade biológica. *J. Antibiot* 43: 267-280.

Naskar, S.K., Sethuraman, P. e Ray, R.C. (2003). Brotação em inhame por chorume de cowdung. Validação dos Conhecimentos Técnicos Indígenas na Agricultura. Division of Agricultural Extension, Indian Council of Agricultural Research New Delhi, India, pp. 197-201.

Nasser, W., Chaler, F. e Rober-Baudouy J. (1990). Purificação e caracterização de liras de pectate extracelular de *Bacillus subtilis. Biochemi.* 72:689-695.

Nautiyal, C.S. (1999). Um meio de crescimento microbiológico eficiente para o rastreio de microrganismo solubilizante de fosfato. *FEMS Microbiol. Lett.* 170: 265-270.

Nautiyal, C.S. (2002). Uma cultura biologicamente pura de bactérias que suprime doenças causadas por agentes patogénicos nas culturas de grão de bico e uma cultura de bactérias compreendendo uma estirpe de *Psudomonas flurose ncens.* Estado Unido da Patente Americana Número 6495362.

Nautiyal, C.S., Johri, J.K. e Singh, H.B. (2002) Survival of rhizosphere competent biocontrol strain *Pseudomonas fluorescens* NBRI2650 in the soil and phytosphere. *Pode. J Microbiol.* 48:588-601

Nautiyal, C.S., Mehta S. e Singh H.B. (2006). Controlo biológico e promoção do crescimento das plantas por *Bacillus subtilis* a partir do leite. *J. Microb. Biotechnol.* 16:184-192.

Nelson, N. (1944). Uma adaptação fotométrica do método Somogyi para a determinação da glucose. *J. Biol. Chem.* 153: 375-380.

Nene, Y.L. (1999). A saúde das sementes na história antiga e medieval e a sua relevância para a agricultura dos nossos dias. *Agri-História asiática.* 3: 157-184.

Nigam, P. e Singh, D. (1995). Sistemas enzimáticos e microbianos envolvidos no processamento de amido. *Microb. enzimático. Technol.* 17:770-778.

Oberhansli, T., Defago, G. e Haas, D. (1991). Indole-3- síntese de ácido acético (IAA) na estirpe de biocontrolo CHAO de *Pseudomonas fluoresces'.* papel da cadeia lateral triptofano oxidase. *J. Gen. Microbiol.* 137: 2273- 2279.

O'Donnell, A.G., Norris, J.R., Berkeley, R.C.W., Claus, D., Kanero, T., Logan, N.A. e Nozaki, R. (1980). Caracterização de *Bacillus subtilis, Bacillus pumilus, Bacillus licheniformis,* e *Bacillus amyloliquefaciens por* cromatografia gaso-líquida de pirólise, hibridação do ácido desoxirribonucleico desoxirribonucleico, testes bioquímicos, e sistemas API. *I nt. J. Syst. Bacteriol.* 30: 448- 459.

Ogundana, S.K. (1983). Ciclo de vida da *Botryodiplidia theobromae,* um rotatogénico mole do inhame. *Fitopatol. Zeitschrift.* 106: 204-213.

Ogundana, S.K. e Dennis, C. (1981). Avaliação de fungicidas para a prevenção da podridão do armazenamento de tubérculos de inhame. *Pesticidas. Sci.* 12:491-494.

Ogundana, S.K., Naqvi, S.H.Z. e Ekundayo, J. A. (1970). Fungos associados à podridão mole dos inhames *(Dioscorea* spp) no armazenamento na Nigéria. *Trans. Britânico. Mycol. Soc.* 54: 445451.

Okigbo, R.N. e Ikediugwu, F.E.O. (1999). Estudos sobre o biocontrolo da podridão pós-colheita no inhame *(Dioscorea* spp.) utilizando *Trichoderma viride. J. Phytopathol.* 148:335-355.

Okigbo, R.N. (2002). Mycoflora da superfície do tubérculo do inhame branco *(Dioscorea rotundata* poir) e controlo pós-colheita de agentes patogénicos com *Bacillus subtilis. Micopatologia* 156:81-85.

Okigbo, R.N. (2005). Controlo biológico da podridão fúngica pós-colheita do inhame *(Dioscorea* spp.) com *Bac Ulus subtilis. Micopatol.* 159: 307-314.

Outtrup, H. e Jorgensen, S.T. (2002). A importância das espécies de *Bacillus* na produção de enzimas industriais. In: *Applications and Systems of Bacillus and Relatives,* (ed.) R. Berkley, Blackwell Science Inc., Malden, Mass. pp. 206-218.

Ozaki, M. e Uchimura, T. (1990). Alimentos fermentados no sudeste asiático. *Food Sci.* 144:23-29.

Ozcan, N., Altinalan, A. e Ekainc, M.S. (2001). Clonagem molecular de um gene a- amilase de *Bacillus subtilis* RSKK264 e a sua expressão em *Escherichia coli* e em *Bacillus subtilis. Truk. J. Anim. Sci.* 25: 197- 201.

Padmaja, G. e Mathew, G. (1999). Oriental fermented foods, In: *Biotecnologia: Food Fermentation,* (eds.), V.K. Joshi e A. Panday, Educational Pubhsher and Distributors, Nova Deli, pp. 523-582.

Pal, K.K. e Gardener, B.M. (2006). Controlo biológico dos agentes patogénicos das plantas. *The plant Health Inst,* doi: 10.1094/PHI-A_2006-l 117-02.

Palanivelu, P. (2001). *Biochequímica Analítica e Técnicas de Separação.* Kalamani Printers, Madurai, Índia.

Palit, S. e Baneijee, R. (2001). Optimização de parâmetros extracelulares para recuperação de a-amilase a partir do farelo fermentado de *Bacillus circulans* GRS313. *Braz. Arco. Biol. Technol.* 44(1): 147-151.

Pandey, A. e Palni, L.M. (1997). Espécie *Bacillus*: as bactérias dominantes da rizosfera de arbustos de chá estabelecidos. *Microbiol. Res.* 152:359-365.

Pandey, A., Soccol, C.R. e Mitchell, W. (2000a). Novo desenvolvimento na fermentação em estado sólido: I.-bioprocesso e produtos. *Processo Biochem.* 35: 1153-1169

Pandey, A., Nigam, P., Soccol, C.R., Soccol, V.T., Singh, D., e Mohan, R. (2000b). Avanço em amilases microbianas. *Biotechnol Appl. Biochem.* 31: 135-152.

Park, Y., Kang, S., Lee, J., Hong, S. e Kim, S. (2002). Produção de xilanase em fermentação no estado de sohd por mutante *Aspergillus niger* utilizando desenhos experimentais estatísticos. *Aplic. Microbiol. Technol.* 30: 924-933.

Patil, S.R. e Dayanand, A. (2006). Exploração de resíduos agrícolas regionais para a produção de pectinase por *Aspergillus niger. Tecnologia alimentar. Biotecnol.* 44: 289-292.

Patten, C. L. e Glick, B.R. (2002). Papel do ácido láctico *Pseudomonas putida* indole no desenvolvimento do sistema radicular da planta hospedeira. *Aplicar. Ambiente. Microbiol.* 68:3795-3801.

Patten, C.L. e Ghck, B.P. (1996). Biossíntese bacteriana do ácido indole-3-acetico. *Pode. J. Microbiol.* 42:207-220.

Paula, S., Alexander, M., Jose, C., Maria, R. e Maria, C. (2002). Detecção rápida de xilanases termoestáveis sem celulase por uma estirpe de *Bacillus subtilis* e suas propriedades. *Emzym. Microb. Technol.* 30:924- 933.

Perez, R.H. e Tan, J. (2006). A produção de leite acidófilo enriquecido com puré de batata doce colorida *(Ipomoea batatas* Linn). *Anna! Trop. Res.* 28: 70-85.

Perez, S., Rodriguez-Carvajal, T. e Doco, A. (2003). Um complexo polissacarídeo de parede celular vegetal rhamnogalacturonan II. Uma estrutura em busca de uma função. *Boichimie.* 85: 109-121.

Peypoux, F., Bonmatin, J.M. e Wallach, J. (1999). Tendência recente na bioquímica da surfactina. *Aplic. Microbiol Biotechnol.* 51: 553-563.

Pickersgill, R., Smith, D., Worboys, K. e Jenkins, J. (1998). Estrutura cristalina de poligalacturonase de *Erwinia carotovora* ssp. *carotovora. J Biol. Chem.* 273: 24660-24664.

Ponmurugan, P. e Gopal, C. (2006). Produção *in vitro* de reguladores de crescimento e actividade de fosfatase por bactérias solubilizantes de fosfato. *J. Biotechnol africano.* 5: 348-350.

Poonam, N. e Dalel, S. (1995). Sistemas enzimáticos e microbianos envolvidos no processamento de amido. *Microb. enzimático. Technol.* 17: 779-778.

Priest, F.G., Goodfellow, M. e Todd, C. (1981). O género *Bacillus'*. Uma análise numérica. In: *The Aerobic Endospore-Forming Bacteria: Classification and Identification,* (eds.) R.C.W. Berkeley and M. Goodfellow, Academic Press, Inc., London, pp. 91-103.

Rao, J.L.M. e Satyanarayana, T. (2003). Optimização estatística de uma produção de a-amilase de alta formação de malteses, hiperthemiostable e Ca2+ independente por um termófilo extremo *Geobacillus thermoleovorans* usando a metodologia de superfície de resposta. *J. Aplicar Microbiol.* 95:712-718.

Rao, P.V., Jayaraman, K. e Lakshmanan, C.M. (1993). Produção de hpase por *Candida rugosa* em fermentação de estado sólido, optimização média e efeito de aeração. *Processo Biochem.* 28: 391-395.

Ray, R.C. e Ward, O.P. (2006). Biotecnologia microbiana pós-colheita de culturas tópicas de raízes e tubérculos. In: *Microbial Biotechnology in Horticulture,* Volume 1., (eds.) R.C. Ray and O.P. Ward, Enfield, NH: Science Publishers, NewHampshire, pp. 345- 396.

Ray, R.C., Kar, S., Nayak, S. e Swain, M. R. (2008). Produção extracelular de a-amilase por *Bacillus brevis* MTCC 7521. *Biotecnol alimentar.* 22: 1- 13.

Ray, R.C., Nedunzhiyan, M. e Balagopalan, C. (2000). Microorganismo associado à deterioração do inhame após a colheita. *Ann. Prop. Res.* 22[1&2]: 31-40.

Ray, R.C., Padmaja, G. e Balagopalan, C. (1990). Produção extracelular de rodapés por *Rhizopus oryzae. Zentralbl. Microbiol.* 145: 259-268.

Razak, C., Tang, S., Basri, M., e Salleh, A. (1997). Estudo preliminar da protease celular extra de um *Bacillus* sp. recentemente isolado (no. 1) e dos factores físicos que afectam a sua produção. *Pertanika. J. Sci. Technol.* 5: 169-177.

Reese, E.T. e Maguire, A. (1969). Surfactantes como estimulantes da produção enzimática por microrganismos. *Aplic. Microbiol.* 17: 81-114.

Reid, I. e Ricars, M. (2000). Pectinases no fabrico do papel: resolução de problemas de retenção na pasta mecânica branqueada com peróxido de hidrogénio. *Microb. enzimático. Technol.* 26: 115-126.

Richardson, A.E. e Hadobas, P.A. (1997). Estado sólido de *Pseudomonas* spp. que utilizam fosfatos de inositol. *Can. J. Microbiol.* 43: 509-516.

Richardson, A.E., Hadobas, P.A. e Hayes, J.E. (2001). A secreção celular extra de *Aspergillus phytase a* partir de raízes de *Arabidopsis* permite à planta obter fósforo a partir do fitato. *Planta J.* 25: 641-649.

Rodriguez, H. e Fraga, R. (1999). Bactérias solubilizantes de fosfato e o seu papel na promoção do crescimento das plantas. *Biotecnol. Adv.* 17: 319-339.

Ron, E.Z. e Rosenberg, E. (2001). Papel natural dos biosurfactantes. *Microbiol Ambiental.* 20: 430-440.

Roychoudhary, R.S., Parulekar, S.U.J. e Weigand, W.A. (1989). Crescimento celular e caracterização da produção de a-amilase de *Bacillus amyloliquefaciens. Biotecnol. Bioeng.* 33: 197-206.

Ruggiero, P., Dar, J. e Bollag, J.M. (1996). O solo como um sistema catalítico. In: *Soil Biochemistry,* Volume 9, (eds.) G. Strotzky and J.M. Bollag, Marcel Dekker, New York, USA . pp. 79-122.

Salazar, L. e Jayasinghe, U. (1999). Fundamentos da purificação de vírus vegetais. In: *Técnicas em virologia de plantas.* CIP training manual 5.0, Virus purification, Centro Internacional da Batata, Peru, pp. 1-10.

Sanna, B.K, Singh U.P. e Singh, K.P. (2002)Variability in Indian isolates of *Sclerotium rolfsii. Mycologia.* 94: 051-1058.

Schmidit, C., Sztajer, H., Stocldein, W., Menge, U. e Schimid, R. (1994). Triagem, purificação e propriedades das lipases termofílicas de *Bacillus thermocatelnulatus. Biochem. Biofísicos. Acta.* 1214: 43-53.

Scott, D. (1978). Enzymes, Industrial. In: *Kirk-othmer Encyclopedia of Chemical Technology,* (eds.) M. Gryson e D. Ekorth, Wiley, New York, pp. 173-224.

Seki, T., Oshima, T. e Oshima, Y. (1975). Estudo taxonómico do *Bacillus* por hibridação do ácido desoxirribonucleico e transformação interespecífica. *Int. J. Syst. Bacteriol.* 25:258-270.

Semenova, M. V., Grishuti, S. G., Gusakov, A. V., Okunev, O. N. e Sinitsyn, A. P. (2003). Isolamento e propriedades da percentagem do fungo *Aspergillus japonicum. Biochem .* 68: 559-569.

Sharma, P. e Chatterjee, S. K. (1982). Podridão tuberosa de *Discoreaprazeri* causada por *Fusarium solani* durante o armazenamento. *Phytopat hoi indiano.* 35: 165.

Shirai, K., Guerrero, I., Huerta, S., Saucedo, G, Castillo, A., Gorzalez, R.O. e Hall, G.M. (2001). Efeito da concentração inicial de glucose e do nível de inóculos de bactérias ácido-lácticas na ensilagem de resíduos de camarão. *Microb. enzimático. Technol.* 28: 446-452.

Sieber, S.A. e Marahiel, M.A. (2003). Aprendendo com as fábricas de medicamentos da natureza: síntese nãoribosomal de macrocyclicpeptides. *J. Bacteriol.* 185: 7036- 7043.

Singh, S.A., Plattner, H. e Diekmann, H. (1999). Exopolygalacturonate lyase from a thermophilic *Bacillus* sp. *Enzyme Microb. Technol.* 25: 420- 425.

Soda, M. (2000). Controlo bacteriológico das doenças das plantas. *J. Biosci. Bioeng.* 89: 515-521.

Soni, S.K. e Sandhu, D.K., (1999). Produtos cerealíferos fermentados. In: *Biotecnologia: Food Fermentation*, (eds.) V.K. Joshi e A. Panday, Educational Publisher and Distributors, Nova Deli, pp. 895-950.

Souto, G.L., Correa, O.S., Montecchia, M.S., Kerber, N.L., Pucheu, N.L., Bachur, M. e Garcia, A.F. (2004). Caracterização genética e funcional de uma estirpe de *Bacillus* sp. que excreta surfactina e metabólitos antifúngicos parcialmente identificados como compostos semelhantes à iturina. *J. Aplic. Microbiol.* 97: 1247-1256.

Stein, T. (2005). Antibióticos *Bacillus subtilis*: estruturas, síntese e funções específicas. *Mol. Microbiol.* 56: 845-856.

Steiner, S. (1990) Characterization of the biologically active components of the resistance-inducing culture filterte of *Bacillus subtilis*. *Informação do Centro Federal de Investigação Biológica para a Agricultura e Silvicultura.* 226-292

Stevenson, D.M. e Weimer, P.J. (2002). Isolamento e caracterização da estirpe de *Trichoderma* capaz de fermentar celulose a etanol. *Aplic. Microbiol. Biotecnol.* 59: 721-726.

Tajalsma, H. (1997). *Bacillus subtilis* contém quatro tipos intimamente relacionados de peptidase de sinal com especificidades de substrato sobrepostas: expressão constitutiva e temporalmente controlada de diferentes genes de *goles. J. Biol. Chem.* 272: 25 983-25 992.

Takayanagi, T., Ajisaka, K., Takiguchi, Y. e Shimahara, K. (1991). Isolamento e caracterização de quitinases termoestáveis de *Bacillus lichiniformis* X_7u. *Biochem. Biofísica. Acta.* 1078: 404H10.

Tang, W.H. (1994). Yield-Increasing Bacteria (YIB) e biocontrol of sheath blight of rice. In: *Improving Plant Productivity with Rhizosphere Bacteria*, (ed.) M.H. Ryder, CSIRO Division of Soils, Glen Osmond, Australia, pp. 267-273.

Tanner, A. e Bomemann, S. (2000). *Bacillus subtilis* YvrK é um oxalato de decaroboxilase induzido por ácido. *J. Bacterial.* 182: 5271 - 5273.

Tarafdar, J.C., Rao, A.V. e Kumar, P. (1992). Efeito das diferentes fosfatases que produzem fungos no crescimento e nutrição do feijão mungo *[Vigna radiata* (L.) Wilczek] num solo árido. *Biol. Fertil. Solos.* 13: 35-38.

Tien, T.M., Gaskins, MH. e Hubbell, D.H. (1979). Substratos de crescimento de plantas produzidos por *Azospirillum brasilense* e o seu efeito no crescimento do painço de pérolas *(Pennisetum americanum* L.). *Aplic. Environ. Microbiol.* 37:1016-1024.

Timmusk, S. Gyantcharova, N. e Wagner, E.G. (2005). *Penibacillus polymaxa* invade as raízes das plantas e forma biofilmes. *Aplic. Environ. Microbiol.* 71: 7292 - 7300.

Tonkova, A. (1991). Efeito da glicose e citrato na produção de a- amilase em *Bacillus licheniformis. J. Básico. Microbiol.* 31: 217-222.

Tonkova, A. (2006). Enzimas de conversão de amido microbiano da família a-amilase. In: *Microbial Biotechnology in Horticulture,* Volume 1 (eds.), R.C. Ray, e O.P. Ward, Science Publishers, Enfield, New Hampshire, USA, pp.421-272.

Toure, Y., Ongena, M., Jacques, P., Guiro, A., e Thonart, P. (2004). Papel dos lipopeptídeos produzidos por *Bacillis subtilis* GAI na redução das doenças de bolor cinzento causadas por *Botryitis cinerea* na maçã. *J. Aplic. Microbiol.* 96: 1151-1160.

Tsvetkov, V.T. e Emanuilova, E.I. (1989). Propriedades de purificação da *a*- amilase estável ao calor de *Bacillus brevis. Aplic. Microbiol. Biotecnol.* 31: 246-248.

Unyayar, S., Unyayar, A. e Unal, E. (2000). Produção de auxina e ácido abscísico por *Phanerochaete chrysosporium* ME446 imobilizados em espuma de poliuretano. *Turk J. Biol.* 24:769-774.

Van der Maarel, M., Van der Veen, B., Uitdehaag, H., Leemhuis, H. e Dijkhuizen, L. (2002). Propriedades e aplicação do amido - enzimas de conversão da família a-amilase. *J. Biotechnol.* 94: 137- 155.

Viikari, L., Tenkanen, M. e Suumakki, A. (2001). Biotecnologia na indústria da pasta e do papel. In: *Biotecnologia,* Volume 10 (ed.) H. J. Rehm, VCH Wiley, pp. 523-546.

Vulfson, E. (1994). Aplicação industrial de lipases. In: *Lipases: A sua Estrutura, Bioquímica e Aplicação,* (eds.) P. Wooley e S.B. Peterson, Cambridge University Press., Cambridge, UK, pp. 271-288.

Vullo, D.L., Coto, C.E. e Sineriz, F. (1991). Caraterística de uma inulinase produzida por *Bacillu subtilis* 4 30 A estirpe isolada da rizosfera de *Vernonia herbacea* (Vell Rusby). *Aplic. Ambiente. Microbiol.* 57: 2392-2394.

Wang, J. e Fung, D.Y. (1996). Alimentos com fermentação alcalina: uma revisão com ênfase na fermentação de aranha. *Critérios. Rev. Microbiol.* 22:101-138.

Wang, S., Lin, T., Yen, Y., Liao, H. e Chen, Y. (2006). Bioconversão de resíduos de quitina de marisco para produção de *Bacillus subtilis* W-118 chitinase. *Res.* 341:2507-2525 *de carboidratos.*

Wang, S.L., Shih, I. L., Liang, T.W. e Wang, C.H. (2002). Purificação e caracterização de duas quitinases antifúngicas extracelulares produzidas por *Bacillus amyloliquefaciens* V656 num meio de pó de camarão e caranguejo. *J. Agric. Alimento. Química.* 50:2241-2248.

Ward, O.P. (1991). *Tecnologia de Fermentação.* Open University Press, Milton Keybes, Reino Unido.

Ware, D.R., Read, P.L. e Manfredi, E.T. (1988). Desempenho de lactação de dois grandes rebanhos diários alimentados pela estirpe *Lactobacillus acidophilus* BT 1386. *J. Dairy Sci.* 71(Fornecimento 1): 219-222.

Watanabe, F.S. e Olsen, S.R. (1965). Teste de um método de ácido ascórbico para determinar o fósforo na água e extractos de NaHCO3 do solo. *SoilSci. Soc.Am. Proc.* 29: 677- 678

Whitehead, D.C. (1986). Fontes e transformação de azoto orgânico em solos de pastagem geridos intensivamente. In: *Nitrogen Fluxes in Intensive Grassland Systems,* (eds.) H.G. van der Meer, J.C. Ryden e G.C. Ennik, Martinus Nijhoff, Dordrecht pp. 47-58.

Whitehead, D.C. e Raistrick, N. (1993). Nitrogénio no extracto de produtos lácteos muda durante o armazenamento a curto prazo. *J. Agri. Sci. Camb.* 121:73-81.

Wyss, M., Brugger, R., Kronenbeiger, A., Remy, R., Fimble, R., Oesterhelt, G., Lehmann, M., e van Loon, A.P. (1999). Caracterização bioquímica da fitase fúngica (myoinositol hexakisphosphate): propriedades catalíticas. *Aplic. ambiente. Microbiol.* 34:42-45.

Xie, FL, Pasternak, J.J. e Glick, B.R. (1996). Isolamento e caracterização de mutantes do Rhizobacteium *Pseudomonas putida* GR12-2, que produzem ácido acético interno. *Moeda. Microbiol.* 32: 67-71.

Xiong, C., Shouwen, C., Ming, S. e Ziniu, Y. (2005). Optimização média por metodologia de superfície de resposta para a produção de ácido poli-Y- glutâmico utilizando estrume de vaca leiteira como base de um substrato sólido. *Aplicar microbiol. Biotecnol.* 69: 390-396.

Yadav, K.S. e Dadarwal, K.R. (1997). Solubilização e mobilização de fosfatos através de microrganismos do solo, In: *Biotechnological Approaches in Soil Microorganisms for Sustainable Crop Production,* (ed.) K.R. Dadarwal. Scientific Publishers, Jodhpur, pp. 293-308.

Yakimov, M.M., Fredickson, H.L. e Yimniis, K.N. (1996). Efeito da heterogeneidade de moieties hidrofóbicas na superfície activa da líquenysina A um biosurfactante lipopeptídeo de *Bacillus lichiniformis* BA550. *Biotecnol. Aplic. Biochem.* 23: 13-18.

Yokoyama, K., Kai, FL, Kong, T. e Aibe, T. (1991). N mineralização e população microbiana em estrume de vaca, bolas de estrume e solo subjacente afectado por escaravelhos de estrume de paracopride. *Biol do solo. Biochem.* 23: 649-953.

Zhou, T. e Boland, G.J. (1999). Crescimento micelial e produção de ácido oxálico por isolados virulentos e hipovirulentos de *Sclerotinia sclerotiorum*. *Can. J. Plant Pathol.* 21: 93-99.

PUBLICAÇÕES DE INVESTIGAÇÃO OU DO TRABALHO DESTE PROJECTO

<u>PUBLICAÇÕES DE INVESTIGAÇÃO DESTE TRABALHO DO PROJECTO</u>

1. **Swain, MR.,** Kar, S., Padmaja, G. e Ray, R.C. (2006). Caracterização parcial e optimização da a-amilase extra - celular de *Bacillus subtilis* isolada da microflora de cowdung cultivável. *Jornal Polaco de Microbiologia.* 55 (4): 289-296.

2. **Swain, M. R.** e Ray, R.C. (2009). *Bioconfrol e outras actividades benéficas do *Bacillus subtilis* isolado da microflora de cowdung. *Investigação Microbiológica.* 164: 121- 130.

   (Este artigo é o mais requisitado em MICROBIOLOGICAL RESEARCHjJaneiro... Dece in ber2009,http://sliop.elsevier.de/sixcms/ media.php/795/mostrequestearticlejandec09.pdf)

3. **Swain, M. R.** e Ray, R. C. (2009). Produção de ácido oxálico por *Fusarium oxysporum* Schlecht e *Botryodiplodia theobromae* Pat. , patogénios fúngicos pós-colheita de inhame (*Dioscorea rotundata* L.) e desintoxicação por *Bacillus subtilis* CM1 isolados da microflora de cultura de vaca. *Arquivos de Fitopatologia e Fitossanidade* 42(7): 666- 675.

4. **Swain, M.R.,** Naskar, S.K. e Ray, R. C. (200 7). Produção de ácido acético Indole-3 e efeito na germinação de inhame *(Dioscorea rotundata* L.) miniestagens por *Bacillus subtilis* isolados de microflora de cultura de vaca. *Jornal Polaco de Microbiologia.* 56(2): 103-110.

5. **Swain, M. R.** e Ray, R.C. (2007). Optimização estatística para produção de a-amilase por *Bacillus subtilis* CM3 isolada da microflora de cowdung em fermentação em estado sólido utilizando resíduos fibrosos de mandioca. *Journal of Basic Microbiology.* 47(5): 417-128.

6. **Swain M.R.,** Ray R.C. e Nautiyal C.S. (2008) Eficácia do biocontrolo das estirpes de *Bacillus subtilis* isoladas do inhame de vaca contra o inhame pós-colheita *(Dioscorea rotundata* L.) Pathogens. *Microbiologia actual.* 55 (5):407- 411.

7. **Swain M.R.** e Ray R.C. (2008) Optimização das condições de cultura e a sua interpretação estatística para a produção de ácido acético indole-3 por *Bacillus subtilis* CM5 utilizando resíduos fibrosos de mandioca *(Manihot esculenta* Crantz). *Journal of Scientific Industrial Research.* 67:622-628.

8. **Swain M.R.,** Ray R. C. (2010). Produção, Caracterização e Aplicação de uma Exo-poligalacturonase termoestável por *Bacillus subtilis* CM5. *Biotecnologia alimentar.* 24: 37-50

9. **Swain M. R.,** Ray R.C., Mohapatra U. B. (2008). Optimização da produção de exo-poligalacturonase termoestável por *Bacillus subtilis* CM 5 em fermentação submersa utilizando a metodologia de superfície de resposta. *Investigação em Fitossanidade.* 30(1&2): 6-13.

10. **Swain M. R.,** Kar S. e Ray R. C. (2009). Produção de exo-poligalacturonase por *Bacillus subtilis* CM5 em fermentação em estado sólido utilizando bagassae de mandioca. *Revista Brasileira de Microbiologia.* 40:636-648.

Na agricultura asiática, o "cowdung" é normalmente utilizado como estrume orgânico para aumentar a produtividade das culturas. Este estudo fornece evidências científicas para reforçar o conceito sobre a actividade promocional agrícola do "cowdung" que está, de uma forma geral, associado a microrganismos presentes no mesmo. Cinco estirpes de *Bacillus subtilis* (CM1-CM5) foram isoladas da microflora de cowdung, o que tornou a actividade biocontroladora contra *Fusarium oxysporum* e *Botryodiplodia theobromae* os agentes patogénicos da podridão pós-colheita do inhame *(Dioscorea rotundata* L.) tubérculos. Além do biocontrolo, estas estirpes exibiram solubilização de fósforo inorgânico e produção de ácido indole-3-acetico. Enzimas de processamento alimentar de qualidade industrial, tais como amilase e pectinase, foram produzidas por estes organismos em fermentação submersa e em estado sólido.

Rames C. Ray está actualmente a trabalhar como Cientista Principal, Central Tuber Crops Research Institute (Centro Regional), Bhubaneswar, Orissa, Índia. Obteve o seu doutoramento na Universidade de Utkal em 1984. Tem 35 anos de experiência de investigação na área da Agricultura e Microbiologia Alimentar. Tem mais de 100 publicações nacionais e internacionais em revistas especializadas, 40 capítulos de livros e 8 livros editados a seu crédito. Reorganizou-se como bolseiro do NAAS no ano de 2008.

Manas R. Swain trabalha actualmente como Professor no Departamento de Biotecnologia, Faculdade de Engenharia e Tecnologia, Bhubaneswar, Orissa, Índia. Obteve o seu doutoramento na North Orissa University, Orissa, Índia, em 2009. Tem 16 publicações em revistas estrangeiras revistas por pares e 10 capítulos de livros em seu crédito.

Buy your books fast and straightforward online - at one of world's fastest growing online book stores! Environmentally sound due to Print-on-Demand technologies.

Buy your books online at
www.morebooks.shop

Compre os seus livros mais rápido e diretamente na internet, em uma das livrarias on-line com o maior crescimento no mundo! Produção que protege o meio ambiente através das tecnologias de impressão sob demanda.

Compre os seus livros on-line em
www.morebooks.shop

KS OmniScriptum Publishing
Brivibas gatve 197
LV-1039 Riga, Latvia
Telefax: +371 686 204 55

info@omniscriptum.com
www.omniscriptum.com

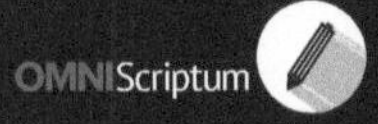